三江平原农田-河沟系统
污染特征与调控机理

崔　嵩　胡　鹏　张福祥等　著

科学出版社

北　京

内 容 简 介

本书以三江平原农田-河沼系统水环境常规水体污染物和重金属的污染特征、环境行为、风险识别及污染修复与调控为核心，综合环境科学、材料科学、生态学、地统计学等多学科理论，探寻污染物的时空演变规律，识别影响水质变化的关键因子，并通过数值模拟技术揭示农田-河沼系统农业面源污染关键地区及关键时期，提出综合调控管理模式；建立冻结期雪被中重金属的残留清单，揭示河沼系统重金属的生物富集效应与暴露风险，并研发了重金属修复生物基材料；初步概化出适于农田-河沼系统污染物环境行为与调控机理研究的规律、方法和技术，为农田-河沼系统生态环境保护和构建三江平原湿地保护网络体系提供科学依据和决策支持。

本书可供高等院校和科研院所农业水土工程、环境科学与工程、农业资源与环境等学科及专业的师生和研究人员阅读使用，也可供相关专业的科技工作者及关心水环境保护与生态效应的公众参考。

图书在版编目(CIP)数据

三江平原农田-河沼系统污染特征与调控机理 / 崔嵩等著. —北京：科学出版社，2023.11
ISBN 978-7-03-073212-5

Ⅰ.①三… Ⅱ.①崔… Ⅲ.①三江平原－农田污染－重金属污染－污染防治 Ⅳ.①X535

中国版本图书馆 CIP 数据核字（2022）第 173619 号

责任编辑：孟莹莹 常友丽 / 责任校对：杨 赛
责任印制：徐晓晨 / 封面设计：无极书装

科学出版社 出版
北京东黄城根北街 16 号
邮政编码：100717
http://www.sciencep.com
北京中石油彩色印刷有限责任公司 印刷
科学出版社发行 各地新华书店经销
*

2023 年 11 月第 一 版 开本：720×1000 1/16
2023 年 11 月第一次印刷 印张：15
字数：302 000
定价：136.00 元

前　言

近年来，河沼系统水质下降、农业面源污染加剧以及生物多样性锐减等问题频发，已使人们深刻认识到生态环境污染治理与保护的紧迫性和艰巨性。自党的十八大以来，中共中央办公厅、国务院办公厅、中共黑龙江省委、黑龙江省政府相继出台了《中共中央　国务院关于加快推进生态文明建设的意见》（2015）、《黑龙江省湿地保护条例》（2015）、《湿地保护修复制度方案》（国务院办公厅，2016）、《黑龙江省湿地保护修复工作实施方案》（2017）等一系列有关生态文明建设与湿地保护的相关政策文件。其中，《黑龙江省湿地保护修复工作实施方案》明确指出要构建三江平原湿地保护网络，强化湿地保护和生态恢复。

河沼系统作为连接水生生态系统和陆地生态系统的重要生态交错带，承担着物质与能量交换的重要作用，探寻河沼系统污染物的环境行为、生态/健康风险及污染调控措施，可以进一步丰富和发展污染物的环境地球化学循环过程理论及其应用研究体系。三江平原作为我国最大的天然淡水沼泽分布区域，同时也是我国重要的商品粮生产基地，在维持区域生态环境安全和保障国家粮食安全方面发挥了重要作用。本书以三江平原七星河流域农田-河沼系统为研究区域，通过"环境监测—来源解析—输移路径—风险识别—污染调控"系统性地诊断了农田-河沼系统重金属和常规水体污染物的污染特征与风险传递效应机制，并提出了污染调控保障措施，抽象概化出了适宜研究农田-河沼系统多介质环境（水体、积雪、沉积物、水生生物）中重金属和常规水体污染物的污染特征、环境行为、生态风险、污染调控与修复的规律、技术和方法，为农田-河沼系统生态环境保护和全面建立三江平原湿地保护网络体系提供了科学依据和决策支持。

本书是作者在总结团队多年研究成果的基础上撰写而成的。全书分为理论分析（第 1~2 章）、生态环境效应（第 3~6 章）、污染修复与调控（第 7~11 章）三篇，共 12 章内容。第 1 章为绪论，介绍了三江平原典型河沼系统——七星河及其伴生的沼泽湿地的地理与气候条件、水文水资源及生物多样性概况，梳理了常规水体污染物、重金属和农业面源污染的研究现状以及目前常见的水环境污染修复技术，提出了农田-河沼系统存在的主要生态环境问题及初步解决思路，由崔嵩、胡鹏、裴仲旭负责撰写。第 2 章为污染物分析处理与研究方法，介绍了污染物的分析方法，以及污染等级评价、主控污染因子识别、生态风险评价、生物富集评价、人体健康风险评估、湿地候鸟重金属暴露风险评价等模型和数据处理方法，由崔嵩、张福祥、胡鹏负责撰写。第 3 章为河沼系统水质等级评价与影响因素分析，研究了河沼系统 DO、COD、NH_3-N、TP、TN、NO_2^-、NO_3^- 等多项水质指标的污染特征，构建了水质综合污染等级分类的评价方法，识别了造成水质污染的主控污染因子，由胡鹏、于婷、崔嵩负责撰写。第 4 章为河沼系统水环境重金属污染特征，研究了河沼系统水环境中重金属的浓度水平、污染等级及空间分布特征，并分析了重金属污染的潜在来源，由张福祥、崔嵩、裴仲旭负责撰写。第 5 章为积雪中重金属污染特征与残留清单，揭示了积雪中重金属的污染特征，编制了积雪中重金属的残留清单，阐明了河沼系统冬季重金属的污染来源与输入特征，由崔嵩、张福祥负责撰写。第 6 章为河沼系统重金属污染生态风险与暴露风险评估，分析了河沼系统重金属污染的生态风险，揭示了水生生物重金属差异化富集特征，评估了鱼类消费的人体健康风险，建立了基于食物链结构组成的湿地候鸟重金属暴露风险评估模型，并提出了基于降低污染物暴露剂量的湿地候鸟生境保护方案，由张福祥、裴仲旭、崔嵩负责撰写。第 7 章为河沼系统水环境重金属污染修复技术，研究了以城市园林废弃物制备生物炭对水环境重金属污染的修复潜力及其对重金属的吸附机理，揭示了生物炭制备过程中的热解温度、热解时间、升温速率与生物炭产率、吸附性能之间的关系，并提出了最优制备策略，由崔嵩、柯玉鑫负责撰写。第 8 章为河沼系统农业面源污染负荷估算，通过获取三江平原农业生产的作物管理数据，依据质量平衡原理，充分考虑氮、磷循环的环境过程，构建了农田-河沼系统农业面源污染负荷估算模型，识别了流域范围内农业面源污染产生的主要影响因素，由崔嵩、高尚、裴仲旭负责撰写。第 9 章为河沼系统农业面源污染数值模拟，介绍了基础数据收集和 SWAT 模型数据库的构建过程，并对模型进行了参数率定与验证，分析了模型的敏感性及不确定性，由高尚、崔嵩、胡鹏负责撰写。第 10 章为河沼系统农业面源污染负荷时空分布特征，揭示了农田-河沼系统面源污染的关键时期与关键地区，并识别了不同土地利用对农业面源污染负荷的贡献，由高尚、胡鹏、崔嵩负责撰写。第 11 章为农田-河沼系统面源污染调控，通过对"减少施肥量、调整种植结构、保护性耕作、建立植被过滤带"4 种管理措施设置 11 种模拟情景，对农业面源污染进行了全过程的跟踪调控模拟，并提出了工程措施与非工程措施相结合的农业面源污染最佳管理模式，由胡鹏、高尚、崔嵩负责撰写。第 12 章为结论，总结了三江平原农田-河沼系统污染物的时空演变规律、环境行为、生态/暴露风险，以及河沼系统污染的调控与修复机理，指出了研究的不足并展望了未来的研究方向，由崔嵩、胡鹏、张福祥负责撰写。

　　在本书的撰写过程中，作者参考了国内外学者的有关论著，吸收了同行们辛苦的劳动成果与前沿学术思想，从中得到了很大启发，在此向各位专家学者表示衷心的感谢。此外，本书的撰写工作得到了东北农业大学付强教授、刘东教授，水利部交通运输部国家能源局南京水利科学研究院朱乾德博士，黑龙江宝清七星河国家级自然保护区管理局王丽华、武治波、崔守斌等领导的大力支持与帮助，在此表示诚挚的谢意。

　　本书得到国家"十三五"重点研发计划专题（编号：2017YFC0404503）、中央财政支持地方高校发展专项资金优秀青年人才项目（编号：21B003）、国家自然科学基金项目（编号：41401550、51779047）、国家重大人才计划青年项目、黑龙江省杰出青年基金项目（编号：JQ2023E001）、流域水循环模拟与调控国家重点实验室开放研究基金项目（编号：IWHR-SKL-KF202019）、黑龙江省博士后科研启动基金项目（编号：LBH-Q17010）的联合资助。

　　本书是东北农业大学松花江流域生态环境保护研究中心的阶段性研究成果。

由于著者水平有限，书中难免存在一些不足之处，恳请同行专家学者多提宝贵意见，给予批评指正，督促我们今后对农田-河沼系统生态环境问题开展深入持续研究工作。

著　者

2023 年 9 月 1 日

目　　录

第二篇　生态环境效应

第一篇

理 论 分 析

第1章 绪 论

根据世界保护监测中心（World Conservation Monitoring Centre）估计，全球湿地总面积约为 5.7 亿 hm^2，占地球陆地面积的 6%。我国湿地资源丰富，第二次全国湿地资源调查主要结果显示，我国湿地总面积 5360.26 万 hm^2，约占国土面积的 5.58%，其中 50% 的湿地面积分布在青海、西藏、内蒙古、黑龙江四省（自治区）（国家林业和草原局，2014）。1971 年，在伊朗拉姆萨尔由 18 个国家首次签订了《关于特别是作为水禽栖息地的国际重要湿地公约》。我国于 1992 年加入了该公约，现共有国际重要湿地 82 处，其中 6 处位于三江平原。

三江平原（129°11′20″~135°05′26″ E，43°49′55″~48°27′56″ N）是由黑龙江、乌苏里江和松花江冲积、汇流而成的低湿地平原（付强等，2016），位于世界三大黑土区之一的东北平原东北部，总面积 10.89 万 km^2，占黑龙江省总面积的 22.6%。该区域主要地貌类型为广阔的冲积平原和河流形成的 I 级阶地及河漫滩（曲艺等，2021），河漫滩上广泛分布沼泽湿地与沼泽化草甸。三江平原被列入《国际重要湿地名录》的湿地占全国国际重要湿地的 7.32%，是我国最大的天然淡水沼泽分布区（吕宪国，2001）。迫于高强度的农垦开发等人类活动的影响，三江平原沼泽湿地资源正面临严峻的生态退化，逐渐呈现水质下降、污染程度加深以及抗灾害能力减弱等生态环境恶化的典型特征。黑龙江宝清七星河国家级自然保护区于 2011 年被列入《国际重要湿地名录》，是三江平原经 5 次大规模农垦开发后保留下来的较为完整、具典型性的内陆高寒湿地生态系统之一，也是三江平原唯一一块保存良好的大面积芦苇沼泽区，可作为三江平原始景观的缩影（Zhang et al.，2020）。为此，本书以七星河及其伴生的沼泽湿地和周边农田为目标研究区域，将农田、积雪、水体、沉积物和水生生物视为复合环境系统，深入系统地开展农田-河沼系统污染特征识别与调控机理研究。

1.1 研究区域概况

1.1.1 地理位置

七星河为乌苏里江左岸的二级支流，发源于完达山脉七星砬子山，全长189km，中下游流经三江平原腹地，河流两岸地势平坦，排泄能力较低，多沼泽湿地。七星河湿地（132°00′22″~132°24′46″ E，46°39′45″~46°48′24″ N）地处七星河中下游、三江平原中部，位于黑龙江省双鸭山市宝清县北部，并与友谊县和富锦市毗邻。

七星河湿地于 1991 年被批准建立为七星河芦苇自然保护区，1996 年组建了七星河芦苇自然保护区管理委员会，并晋升为市级自然保护区，随着保护区的发展，后于 1996 年和 2000 年分别晋升为省级和国家级自然保护区，主要以保护湿地生态系统和珍稀水禽为主，目前是三江平原保存较为完整、具典型性和代表性的天然湿地之一（周强，2017），其地理位置信息见图 1-1。七星河湿地东西长30km，南北宽 10km，沿七星河南岸呈东西走向，湿地总面积 2 万 hm²，其中，核心区0.796 万 hm²，缓冲区 0.360 万 hm²，实验区 0.844 万 hm²。芦苇沼泽面积 1.4 万 hm²，

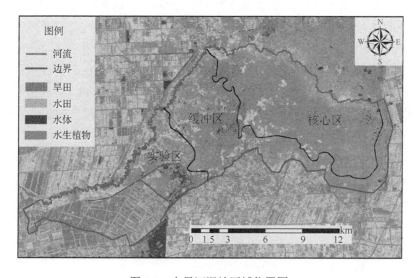

图 1-1 七星河湿地区域位置图

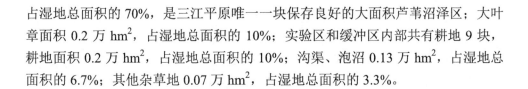

占湿地总面积的 70%，是三江平原唯一一块保存良好的大面积芦苇沼泽区；大叶章面积 0.2 万 hm²，占湿地总面积的 10%；实验区和缓冲区内部共有耕地 9 块，耕地面积 0.2 万 hm²，占湿地总面积的 10%；沟渠、泡沼 0.13 万 hm²，占湿地总面积的 6.7%；其他杂草地 0.07 万 hm²，占湿地总面积的 3.3%。

1.1.2 地理与气候条件

七星河湿地地势平坦，平均海拔 60m，西侧较高、东侧较低，东西高差 4～5m，河流坡降比 1/4500。由于河谷两岸地势低平，在春季积雪融化以及夏秋多雨时期，上游来水较大时会形成大面积漫滩滞水，特别是七星河在进入下游后地形略为凸起，同时河道变窄，河岸两侧宽阔的漫滩形成了大面积沼泽。地形的略微起伏和距离河道的远近导致部分区域积水时间不同，植被覆盖类型也随之产生差异。

七星河湿地土壤类型主要以沼泽土和白浆土为主。其中，沼泽土分为腐殖质沼泽土、草甸沼泽土和泥炭沼泽土，主要分布在常年积水的低洼地段，植被类型以芦苇、大叶章、毛果苔草和修氏苔草等为主；白浆土主要分为潜育化白浆土和草甸白浆土，植被类型分别以沼柳、大叶章和沼泽草甸为主。

七星河湿地地处中纬度区，受温带大陆性季风气候影响，秋季降温剧烈，冬季寒冷干燥，每年 11 月中旬至翌年 4 月上旬为结冰期，1 月平均气温-17.5℃，湿地内部冬季水面结冰厚度多年平均 94cm，最大冻深可达到 134cm。春季气温回升快，夏季温暖多雨，7 月平均气温 22.3℃。历史上极端最高气温 37.2℃，极端最低气温-37.2℃，年平均气温在 2.4～2.5℃，平均无霜期 143 天，属于温和农业气候区，利于植物生长。

1.1.3 水文水资源概况

七星河湿地的水量主要来源于大气降水及七星河径流的补充。根据湿地上游保安站 2005～2014 年实测七星河径流量数据，其水量为 0.66 亿～2.4 亿 m³，年际变化较大。湿地内部建有调蓄作用的生态蓄水池 800hm²，蓄水量可达 0.12 亿 m³，开挖了引水渠 1000m，常年引七星河河水注入湿地（崔守斌等，2017）。

由于七星河湿地内部无降水观测资料，故采用湿地周边宝清县与富锦市

1960～2019 年降水资料推求七星河湿地内部降水情况（气象数据来源于中国气象网，http://data.cma.cn）。由图 1-2 可以看出，七星河湿地年降水量波动较为明显，整体呈上升趋势，多年平均降水量 509.30mm。1960～1979 年降水量呈下降趋势，并在 1977 年出现降水量的极小值 312.85mm；1980～1998 年降水量有所增加，平均降水量为 528.31mm；1999～2019 年降水量虽整体呈现上升的趋势，但近半数年份的降水量低于多年平均降水量，而在 2019 年出现了降水量的极大值 985.9mm。

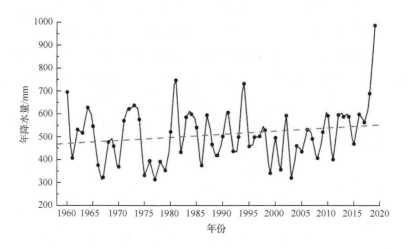

图 1-2 七星河湿地 1960～2019 年降水量（宝清-富锦）随时间演变趋势

1960～2019 年降水量累计频率曲线图如图 1-3 所示，降水量累计频率曲线图可以得到不同保证率下的降水量及代表年份。由图 1-3 可知，丰水年（累计频率小于 25%）降水量大于 590.90mm，枯水年（累计频率大于 75%）降水量小于 418.80mm，平水年（累计频率位于 25%～75%，以累计频率 50%所在年份作为代表年份）降水量介于枯水年与丰水年之间。枯水年、平水年和丰水年出现次数分别为 15、31、14。选择 1961 年、2006 年和 2002 年分别为七星河湿地枯水年、平水年和丰水年代表年份，其降水量分别为 406.95mm、531.30mm 和 591.65mm。

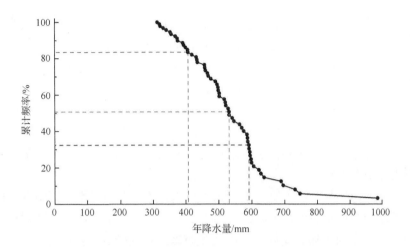

图 1-3 七星河湿地 1960～2019 年降水量（宝清-富锦）累计频率曲线图

1.1.4 生物多样性概况

1. 植物资源

七星河湿地属长白山植物区系，同时又受其他区系成分的渗透，因此植物区系复杂但又独具特色，共有维管植物 71 科 187 属 359 种，分别占三江平原和黑龙江省植物总数的 21%和 40%。湿地内部主要包括 3 种植被类型，即草甸、沼泽和水生植被。其中，主要的植物资源为芦苇（*Phragmites australis*）和大叶章（*Deyeuxia purpurea*），属喜光喜温湿草本科植物，均为造纸的优质原料。芦苇一般生长在地表积水 10～100cm 的沼泽中，高度可达 100～200cm，芦苇沼泽面积占全区的 70%。大叶章主要分布于地表积水 5～15cm 的河岸滩地，高度可达 80～120cm。湿地内部国家重点保护植物有：野大豆（*Glycine soja*）、莲（*Nelumbo nucifera*）和貉藻（*Aldrovanda vesiculosa*）。貉藻为国家一级重点保护植物，野大豆和莲为国家二级重点保护植物（单元琪等，2020）。其中，野大豆主要分布于实验区，是大豆杂交育种的重要基因资源，同时也是国务院环境保护委员会在 1984 年公布的我国第一批濒危植物之一。

2. 动物资源

七星河湿地国家级保护动物共有 38 种，分别占全国、黑龙江省和三江平原国家级保护动物的 7.58%、44.19% 和 52.83%。动物种类主要以温带栖息类为主，全区脊椎动物占动物总数的 4.79%，占黑龙江省动物总数的 26.97%。其中，鱼类有 15 种，特有种为月鳢（*Channa asiatica*，俗称七星鱼），优势种为鲤科鱼类；两栖类共 6 种，黑龙江林蛙（*Rana amurensis*）为优势种；爬行类仅有 2 种；兽类有 5 目 8 科 17 种，以食肉目和啮齿目种类较多，现以麝鼠（*Ondatra zibethicus*）、貉（*Nyctereutes procyonoides*）和黄鼬（*Mustela sibirica*）最为常见。目前，由于湿地保护工作的完善以及全区实行了封闭管理，狍（*Capreolus*）和赤狐（*Vulpes vulpes*）等种群也逐渐发展壮大。

七星河湿地鸟类资源丰富，是我国珍稀水禽的主要栖息地与繁殖地，以及东北亚鸟类迁徙的重要通道。全区共有鸟类 236 种，并以水禽居多，特别是春秋季节最为丰富，多为旅鸟和夏候鸟，因此冬季鸟类种类较少。其中，雪鸮（*Nyctea scandiaca*）和毛脚鵟（*Buteo lagopus*）等是湿地重要的越冬鸟类，均为国家二级保护鸟类（田淑新等，2020），环颈雉（*Phasianus colchicus*）、喜鹊（*Pica pica*）、小嘴乌鸦（*Corvus corone*）等为七星河湿地的留鸟，冬季也仍在七星河湿地栖息，均被列入《国家保护的有益的或者有重要经济、科学研究价值的陆生野生动物名录》（2000 年）。此外，七星河湿地的重点保护鸟类还包括丹顶鹤（*Grus japonensis*）、白鹳（*Ciconia ciconia*）、大天鹅（*Cygnus cygnus*）、鸳鸯（*Aix galericulata*）和白琵鹭（*Platalea leucorodia*）等，大多分布于湿地蓄水池附近，其数量、留居型、保护等级等信息见表 1-1（田淑新等，2020）。其中，白琵鹭数量超过全球总量的 5%，湿地内部种群数量 500 只以上，秋季迁徙数量 1000 多只，2011 年宝清县被授予"中国白琵鹭之乡"称号，并被列入《国际重要湿地名录》。

表 1-1　七星河湿地部分保护鸟类数量、留居型、保护等级等信息统计

候鸟	拉丁学名	留居型	保护等级	个体数量	种群分布
丹顶鹤	*Grus japonensis*	夏候鸟	I	420	主要分布在实验区的沼泽地和麦田、豆地中
白鹳	*Ciconia ciconia*	旅鸟	I	30	短暂停留，区内无林木筑巢，在自然保护区不能栖息
大天鹅	*Cygnus cygnu*	夏候鸟	II	60	栖息在泡沼地带
雪鸮	*Nyctea scandiaca*	冬候鸟	II	—	分布在保护区与农田接壤的边缘地带
白琵鹭	*Platalea leucorodia*	夏候鸟	II	1277	主要栖息于西大泡子、三角泡子、大片哈等地

候鸟	拉丁学名	留居型	保护等级	个体数量	种群分布
鸳鸯	*Aix galericulata*	夏候鸟	Ⅱ	23	主要分布在沼泽、湖泊、沟塘中
短耳鸮	*Asio flammeus*	留鸟	Ⅱ	—	主要分布在湿地内部林缘、沼泽、草地中
环颈雉	*Phasianus colchicus*	留鸟	Ⅲ	142	核心区内随处可见
喜鹊	*Pica pica*	留鸟	Ⅲ	201	—
小嘴乌鸦	*Corvus corone*	留鸟	Ⅲ	250	—

注：Ⅰ代表国家一级重点保护种类；Ⅱ代表国家二级重点保护种类；Ⅲ代表列入《国家保护的有益的或者有重要经济、科学研究价值的陆生野生动物名录》（2000 年）物种。

1.2　河沼系统生态环境污染

1.2.1　常规水质指标污染

湿地具有一定的自我调节能力，能够截留、净化水体中的污染物，为湿地动植物提供良好的水生生境条件。湿地可作为污染物自然衰减过程中的载体而改善水质，如生物群落对磷和氮的去除、湿地水生植物对碳氢化合物的吸收、污染物的稀释或在湿地沉积物中的沉降积累等（Zheng et al.，2019；Hashmat et al.，2019；Lavrnić et al.，2018；李卫东等，2010）。

随着人口数量的不断增长，粮食生产压力与安全保障迫使农田化肥农药的施用量逐年上升，随之带来的农业面源污染问题也逐渐加重。农业面源污染一直是全球湿地生态环境质量所面临的较大威胁之一。新西兰的农业集约化导致地表水质量普遍下降（Evelyn et al.，2018）；鄱阳湖流域总氮（TN）和总磷（TP）的浓度远远超过了已公布的氮、磷富营养化阈值，农业面源污染被认为是导致其生态环境退化的根源（Lin et al.，2011）。

目前，水质评价主要在整体判别与主要影响因子解析两方面进行，统计学方法被广泛应用于水质评价。灰色聚类法（Zhang et al.，2018）、人工神经网络法（Azimi et al.，2019）、模糊综合评价法（吴运敏等，2011）、投影寻踪模型（金菊良等，2001）和集对分析法（Yang et al.，2018）等可用于对水质的整体评价。多元统计分析中的主成分分析、聚类分析（Wang et al.，2019）和判别分析（Alberto et al.，2001）则多用于评价水质在空间和时间维度上的变异性和解释长序列水质数据集，以揭示水质污染的主要来源和影响因素。姜刘志等（2012）对洪湖自然保护区生态恢复前后的水质情况进行了对比，并采用灰色模式识别模型分析了水质时空变化特征，结果表明洪湖水质变化受外部污水输入和内部养殖业的共同影响。Yin 等（2012）利用相关性分析法揭示了挠力河流域内湿地 TP 浓度与土地利用类型的关系，表明人类活动和自然湿地面积的丧失都会提高 TP 浓度。周林飞等（2007）应用灰色聚类法对扎龙湿地水环境质量进行了研究，结果表明湿地污染情况较为严重，而水资源不足是造成污染的主要原因。

除对水质进行整体评价外，水体污染溯源和主控因子识别也是水质研究中的重点。影响湿地水质质量的因素众多，包括点源污染（如生活污水、工业废水等）和非点源污染（如农田径流、大气沉降等）等（Qiu et al.，2018）。在研究过程中，通常将水质污染状况与周围环境进行耦合分析，如：Wei 等（2020）将流域水环境质量与土地退化进行结合，研究表明水质较差的湖库往往对应土地退化相对严重的流域，土地利用类型的变化对水质污染有着显著的影响；Hale 等（2019）通过观测城市内两栖动物群落的生存和繁衍情况，研究了城市内湿地水质对生物多样性和生态系统的影响，结果表明降低污染物的积累频率和改善管理措施是提升水质和生态环境质量的有效方法。通过对研究区域水生植被和水体内优势藻类种群进行分析（Wang et al.，2021；Ali et al.，2016），能够识别影响水体环境质量的敏感指标，进而可揭示造成水体环境污染的主要因子。

综上所述，有关水质污染评价的研究已经相当成熟，从监测结果分析到污染溯源及影响因子分析形成了一套较为完整的研究模式。主要影响因素识别是水质污染研究中的重点，但目前多数关于水质影响因素识别的研究主要集中在地表水径流区域，通常有着明显的点源污染，污染来源相对清晰，污染的时空变化特征也较易判别，而关于农垦开发背景下的河沼系统水质研究则略显不足。许多受农业活动影响的河沼系统缺乏系统全面的监测数据，并且农业面源污染的形成和扩散机制复杂多变，与区域环境和气候相耦合，难以确定主控因子。湿地水质是湿地生态环境质量与生态服务功能可持续发展的重要体现，因此，准确可靠地分析水质监测结果，对水质进行综合等级评价，识别影响河沼系统水环境质量的主要影响因子是维系河沼系统生物多样性及生态服务功能的基础性工作。

1.2.2 重金属污染

1. 重金属污染状况

重金属污染早在人类开始加工并使用化石燃料的时期就已形成，而随着人类活动步伐的不断加快，其排放速率远大于环境自净效率的事实导致污染程度加剧和污染事件的频繁发生。河沼系统作为连接水陆生态系统的重要载体，承担着物质与能量交换的重要作用，因为地势低洼可能更易受到环境变化和周边人类活动的影响（Mays et al.，2001）。经济社会的不断发展，加快了人为金属排放进入水体的步伐（Shaheen et al.，2019），环境中的重金属可通过水文过程、大气沉降、自然侵蚀、农业面源污染以及工业排放等途径进入河沼系统，同时沉积物中重金属的含量也受到成土母质和矿物风化等自然因素的影响（Liang et al.，2015；Tang et al.，2010）。国内外学者针对不同类型湿地的重金属污染评价研究做了大量研究工作，其中包括沼泽湿地、湖泊湿地、滨海湿地、河口湿地以及各类人工湿地等，并在污染特征识别、来源解析、风险评估及生态修复与恢复等方面取得了一定进展。

早在 20 世纪 50 年代，国外学者就开始了对水系沉积物中重金属的研究工作，起初主要是对重金属总量的监测，然后逐渐细化到水生生态系统中重金属的地球化学循环过程，发现进入水体的重金属元素会不同程度地吸附在水体悬浮颗粒物上，并在重力作用下通过沉降而进入表层沉积物（Simpson et al.，2016；Lafabrie et al.，2007）。而重金属在水体和沉积物之间吸附、解析、沉淀等迁移转化过程受多种因素，如 pH、温度、粒级组成、氧化还原电位、有机质含量以及重金属本身特性的影响（祝云龙等，2010）。因此，充分了解重金属的迁移、转化机制与规律可为湿地重金属的污染治理及保障生态系统健康提供重要依据。此外，Simpson 等（2007）指出，沉积物中的重金属元素在微生物的作用下会转化为有机金属化合物，而使其毒性增强。Adams 等（1992）的研究结果表明，沉积物可作为评估水生环境中重金属污染程度及发现污染成因的有效指标。因此，从沉积学角度出发，1980 年瑞典学者 Hakanson（1980）建立了重金属污染潜在生态风险评价体系，根据重金属的毒性指数与环境行为特点，进行研究区域的生态风险评估。

国内有关河沼系统重金属污染的研究主要围绕长江、黄河中下游地区和东北地区等淡水沼泽湿地分布广泛的区域，并且主要集中于水环境中重金属的污染评价、生物累积及吸附净化等方面开展研究工作（权轻舟，2017）。20 世纪 80 年代初，我国学者开展了主要水系重金属的研究工作（李健等，1988），对珠江、辽河、长江和松花江等流域进行了大规模的环境背景值调查（赵丽等，2016；Jiang et al.，2013；Lin et al.，2013）。从整体来看，随着工业化和城镇化的快速发展以及农业生产资料的大量使用，我国河沼系统沉积物中重金属的含量呈现出由北方至南方逐渐增加的趋势（Cao et al.，2018），并普遍存在不同程度 Cr、Cd 和 Pb 等重金属元素的污染问题（权轻舟，2017），部分农业区湿地因农业生产资料的过量施用还存在着 Zn、Hg 和 As 等元素的富集情况（张家春等，2014）。徐明露等（2015）的统计结果表明，湿地土壤/沉积物重金属含量的季节性变化主要与湿地季节性的淹水条件有关，丰水期湿地土壤/沉积物在淹水条件下处于还原状态，重金属大多与硫化物络合形成沉淀，并较为稳定地储存在表层沉积物中，从而导致了湿地土壤重金属含量的季节性变化。

2. 重金属毒性与危害

随着全球工业化的不断发展，大量由人类活动产生的污染物被排放到环境中，其中重金属因毒性强、污染范围广以及治理难度大而受到广泛关注（Jarup，2003）。这些重金属在水环境中多以离子形式存在，具有较强的迁移性，且难以被生物所降解，因此可通过环境中的水循环发生迁移，也可通过食物链的逐级累积放大作用而对食物链顶端生物产生威胁（Pellera et al.，2012）。早在 2005 年，美国环保署（United States Environmental Protection Agency，US EPA）就将镉（Cd）、铅（Pb）、镍（Ni）、汞（Hg）、砷（As）[1]、铬（Cr）、锌（Zn）、铜（Cu）等重金属在《有毒污染物控制名单》中确定为优先处理污染物。当环境中的重金属被植物吸收后，会对植物产生氧化胁迫作用导致其代谢紊乱而减产（Kamran et al.，2019；Etesami，2018）。人类如果长期暴露于重金属污染环境中，即使是在很低的浓度下也会对人体造成严重且不可逆的损害。如长期暴露于 Cd 污染环境中会造成骨质疏松、肾功能衰竭、代谢紊乱，甚至诱发癌变等（Ge et al.，2019；Gao et al.，2018）；长期接触 Pb 会损害中枢神经系统和消化系统，还会导致贫血以及诱发高血压等疾病

---

① 砷（As）为非金属，鉴于其化合物具有金属性，本书将其归入重金属一并统计。

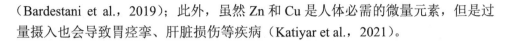

（Bardestani et al.，2019）；此外，虽然 Zn 和 Cu 是人体必需的微量元素，但是过量摄入也会导致胃痉挛、肝脏损伤等疾病（Katiyar et al.，2021）。

3. 重金属污染来源解析

目前，我国重金属污染问题不容忽视，每年有超过 170000kg 的重金属被排放进入环境中。此外，环境保护部（现生态环境部）对全国土壤调查发现，我国超过 13%的土壤中重金属浓度超过了环境标准限值（环境保护部，2014）。2016 年国务院下发的《土壤污染防治行动计划》明确提出污染源解析工作要求。河流监测结果也显示我国地表水中均存在不同程度的重金属污染，特别是位于重工业城市和经济发达的区域。因此，准确、快速地识别环境中重金属的污染来源，可为减缓和控制区域环境污染提供更具针对性的防控对策。湿地水环境重金属的污染源可分为以矿物风化、地质构造运动以及残落生物体等自然活动为主的自然源，以及工农业活动、交通运输、化石燃料/生物质燃烧、生活垃圾排放以及湿地的商业开发等人为源（徐明露等，2015）。随着地统计学和环境地球化学技术的不断发展，主成分分析（principal component analysis，PCA）、聚类分析（cluster analysis，CA）、相关性分析、正定矩阵因子分解（positive matrix fractionalization，PMF）模型、绝对因子得分-多元线性回归和同位素示踪技术已在湿地水环境重金属的来源解析研究中得到了广泛应用。刘静等（2018）应用主成分分析识别了湛江红树林湿地水体中重金属的可能来源，其中 Fe 和 Cr 为自然来源，Hg、Pb 和 Cu 与人类活动中农业生产和生活污水排放密切相关，Mn、Ni 和 Cd 主要来自工业污染。PMF 主要应用于大气污染物的来源解析，但近些年来也被广泛应用到水环境中重金属的源解析工作（Vu et al.，2017）。同时，随着同位素示踪技术的发展以及 Zn、Cu、Fe、Cr、Cd、Hg 等非传统稳定同位素检测技术的建立，为研究大气、土壤、水体和沉积物中重金属的污染问题提供了全新的方法，已有的研究结果证实了该项技术在示踪生物地球化学循环过程中重金属的来源、存在形态、迁移转化、生物吸收过程等方面的重要意义（中国科学院，2016）。

4. 重金属风险评估

湿地重金属污染风险评价是当前湿地科学研究的热点之一，因环境中重金属的赋存状态不同，重金属污染生态风险评估整体可分为基于重金属总量和重金属不同形态的风险评估。

地累积指数（geoaccumulation indices，I_{geo}）（Müller，1969）、富集因子（enrichment factors，EF）（Sakan et al.，2009）、Nemerow（内梅罗）污染指数（Nemerow pollution index，P_N）（Nemerow，1974）和潜在生态风险指数（potential ecological risk index，RI）（Hakanson，1980）等在基于重金属总量的生态风险评估中应用较为广泛。基于重金属总量的污染风险评价方法主要侧重于比较环境介质中重金属的含量与区域重金属背景值的差异程度，如地累积指数（I_{geo}）和富集因子（EF），这类单因子污染指数被广泛应用于单一重金属污染的风险评估。为了尽量避免环境背景值差异而引起的评价误差，地累积指数引入了不确定性因子用于考虑重金属背景值的可能变化，但这在一定程度上也限制了地累积指数对于轻微污染的敏感性（Brady et al.，2015；Müller，1969），因此地累积指数可能更加适用于受人为活动干扰较大区域的重金属污染评价。针对环境背景值差异而引起评价误差的问题，富集因子法则采用了归一化的方法来抵消土壤母质输入的影响（Sakan et al.，2009），其采用的归一化元素主要分为两大类：一是受人为活动影响较小的重金属元素，即人为活动较少产生的重金属元素；二是土壤/沉积物中本身含量较高的重金属元素，其含量并不会较大地受到人为排放的影响（Bryanin et al.，2019）。采用归一化后的富集因子法可较好地区分重金属的人为来源和自然来源（Wang et al.，2019），但是该方法也会受到沉积物高度变异性的影响（Brady et al.，2015）。因此，部分研究选择采取多种评价方法相结合的方式，以达到不同方法相互补充的目的（Wang et al.，2019；Zhang et al.，2018）。

由于单因子污染指数法自身的局限性，该方法更适用于仅受单一污染物影响的研究区域。实际上，环境污染通常由多源复合污染协同导致，而 Nemerow 污染指数法综合考虑了重金属单因子污染指数的最大值和平均值，因此被广泛用于区域重金属综合污染评估。但该方法过于强调最大污染因子对于整体结果的贡献，却忽略了重金属在环境质量标准中的相对重要性以及生物毒性，往往研究区内仅有某一因子的污染指数偏高，其他因子污染指数均较低时也会提高综合污染指数，进而导致评价结果存在较大偏差，最终导致生态风险被高估（Cui et al.，2019；Deng et al.，2012）。Deng 等（2012）针对这一问题引入了污染权重法，通过考虑重金属的生物毒性，对 Nemerow 污染指数法进行了改进。早在 1980 年，瑞典学者 Hakanson（1980）提出的潜在生态风险指数法就综合考量了重金属的污染等级和生物毒性，目前已成为评估土壤/沉积物中重金属污染潜生态风险常用的方法之一。但该方法是基于 8 种污染物（PCBs、Hg、Cd、As、Pb、Cu、Cr 和 Zn）的生物毒性而进行的生态风险等级划分，因此在后续的研究工作中如所检测污染物种类有所变化，需要对风险等级的评价标准进行相应的调整，以避免造成评估结果误差较大（Chen et al.，2018）。目前，Vu 等（2017）和 Sharifi 等（2016）也将此方法应用到水体重金属污染的生态风险评估研究中。

重金属的化学形态决定了重金属的毒性和环境行为，并直接影响到重金属的生物可利用性，因此土壤/沉积物中重金属的化学形态是评估重金属污染风险的重要指标（Xia et al.，2020）。可以说，针对重金属污染的研究不能仅局限于重金属的总量，只有明确重金属在环境介质中的赋存形态及其变化过程，才能更为有效地评估和预测重金属的环境毒性（杜晓坤，2020）。目前，土壤中重金属的形态分析方法主要有 Tessier 五步连续提取法（Tessier et al.，1979）和欧洲共同体标准物质局（European Community Bureau of Reference，BCR）提出的 BCR 分级提取法（Ure et al.，1993）。Tessier 五步连续提取法将重金属形态分为可交换态、碳酸盐结合态、铁锰氧化态、有机结合态和残渣态，其中重金属的可交换态对环境变化最为敏感，易于发生迁移与交换行为，同时也是能够被生物直接利用的有效成分（刘雅明等，2020）。BCR 分级提取法将重金属形态分为酸溶态、可还原态、可氧化态和残渣态 4 种形态。以上两种方法在重金属的形态研究领域已得到广泛应用。由于基于重金属总量的生态风险评估方法所暴露的诸多问题，考虑重金属形态和生物有效性的评价方法逐渐被应用于湿地重金属污染生态风险评估。从整体来看，基于重金属形态的生态风险评估主要包括：风险评价指数（risk assessment code，RAC）（Perin et al.，1985）、比值法（重金属原生相和次生相的比值）（ratio of secondary to primary phases，RSP）（Lin et al.，2014）、生物可利用度指数（bioavailable metal index，BMI）（Rosado et al.，2015）等方面。其中，生物可利用度指数（BMI）是基于风险评价指数（RAC）所得出，可用于评估区域重金属的综合污染风险等级（Gao et al.，2018）。

5. 重金属污染暴露风险评估

环境中的重金属可通过不同途径进入有机体内并逐渐富集，虽然 Cu、Zn 等是生物体新陈代谢必不可少的金属元素，但过量的重金属吸收将会对机体健康产生严重影响，进而导致慢性中毒甚至死亡（Li et al.，2014）。与之相反，人类和野生动物即使暴露于低含量水平的 Cd、Pb 和 As 等非生物体代谢所必需的重金属元素中，仍会产生明显的毒性作用并造成潜在威胁（马莉，2020；Zhang et al.，2017；US EPA，1999）。基于评价的主体，湿地重金属污染的暴露风险评估整体可分为以人类为主体和以野生动植物为主体的暴露风险评估。

有关湿地重金属污染的人体健康风险评估研究中，大多采用了 US EPA 所推荐的健康风险评估模型，但这些研究主要侧重于识别单一环境介质的"环境污染-暴露途径-污染受体"信息。实际上，一旦重金属进入水环境便在水、沉积物和生物体间进行迁移和富集，并通过食物链进行风险传递，因此有必要从水环境整体角度来评估环境污染导致的人体健康效应（张福祥等，2020）。部分研究还应用此模型评价了因直接摄入湿地水体而引起的健康风险（张家泉等，2017；Zhang et al.，2014），但随着水处理技术的不断发展与进步，这种以直接饮用湿地原水作为暴露途径的健康风险评价方法却存在着高估风险的极大可能（张福祥等，2020）。以重金属的实际暴露途径为切入点，如食用湿地鱼类，似乎是评价区域环境污染人体健康效应的合理途径。Quintela 等（2019）的研究表明，鱼类重金属的富集水平在一定程度上反映了周边环境的污染状态，而由于野生鱼类具有高蛋白、低脂肪的特点，常作为人体营养摄取的重要来源，因此野生鱼类可作为反映环境污染与人体健康风险评估的重要载体。统筹考虑水体、沉积物和野生鱼类引起的环境/健康风险，可为了解区域水环境污染风险传递效应机制，以及提升区域多介质环境中重金属污染特征识别能力提供支撑。

与城市湿地和人工湿地相比，大部分天然湿地均已建成自然保护区或国家湿地公园，削弱了其与人类活动的直接联系，这也是导致天然湿地水体和土壤/沉积物重金属污染人体健康风险评估研究相对较少的主要原因。因此，有关天然湿地重金属污染的暴露风险评估更多的是面向野生动物受体。野生动物暴露风险评估可分为毒性效应评估、暴露评估和风险描述三个方面（马莉，2020）。Celik 等（2021）的统计结果表明，美国在鸟类重金属研究方面处于领先地位，紧随其后的是西班牙、加拿大和中国，并且研究大多发现重金属主要累积在鸟类的肝脏、肾脏和羽毛中，已对鸟类的大部分生理活动造成了严重的影响。Kertész 等（2003）发现浸泡在 $50\mu g/L$ 的 Cr^{3+} 溶液 30min 后的野鸭蛋，其孵化后的雏鸭畸形率可达 30%。同时，重金属污染还会显著降低雏鸟体重和翼长的生长速率，甚至导致其死亡（Eeva et al.，2014）。Suljevic 等（2021）揭示了 Cr^{6+} 在日本鹌鹑（*Coturnix japonica*）组织特异性积累及不良生理反应的诱导机制，并发现暴露于 Cr^{6+} 污染的环境中显著降低了日本鹌鹑的免疫能力。

Morrissey 等（2005）通过比较捕食野生鱼类所摄入的重金属剂量和重金属的日耐受剂量，评估了水鸟的暴露风险，开启了一种基于体外测试的非破坏性的鸟类重金属暴露风险研究的序幕。我国学者 Liu 等（2015）在此基础上建立了一套湿地候鸟重金属暴露风险综合评价模型，证实了考虑捕食过程中所摄入水体和沉积物中重金属而引起的暴露风险十分必要，并指出体型较小的鸟类可能面临更大的风险。即使暴露于低含量的重金属污染环境中仍存在一定风险。Zhang 等（2020）的研究结果表明，湿地候鸟处于天然或低污染水平的 Cr 污染环境中已构成中等风险。Liang 等（2016）提出了一种湿地重金属暴露风险优先控制区的识别方法，但该方法没有给出量化的暴露风险阈值。湿地候鸟重金属暴露风险是一项重要的国际性问题（Salamat et al., 2014），因此，定量评估湿地多介质环境中重金属对栖息地不同发育阶段候鸟的暴露风险，建立一种用于评估同时暴露于多种环境污染物中的综合风险指数法，并确定出相应的风险阈值，对湿地珍稀鸟类的保护工作具有重要意义。

1.2.3　农业面源污染

面源污染具有发生时间随机性和不确定性、污染排放隐蔽性和分散性，以及污染负荷时空差异性等特征，导致面源污染监测、模拟与控制难度较大（Shen et al., 2014）。机理模型是面源污染在定量描述、影响评价以及污染治理等方面研究的首选方法，该方法通过构建物理模型对面源污染的形成和迁移转化过程进行定量描述，为面源污染的时空分布特征研究、主要来源和迁移途径识别、污染负荷预测与估算及其环境影响评价提供有力支撑（郭圣浩等，2010），进而为面源污染控制和管理提供有效的技术手段。

面源污染模型研究早期集中在面源污染特征解析、影响因素识别、污染负荷输出等方面的认识，随后对影响因素和宏观特征相关的主控因子和源区空间分布进行研究（Adu et al., 2018）。面源污染相关研究开始从简单的统计分析提升到复杂的机理模型分析，如 SWMM（storm water management model，暴雨洪水管理模型）、SWRRB（simulation for water resource in rural basins，农村流域水资源模拟）、HSPF（hydrological simulation program-fortran，水文模拟模型）等模型相继问世

（Gülbaz et al.，2017），并被广泛应用于面源污染负荷的定量研究。针对污染物迁移转化规律方面的研究，代表模型有 ANSWERS（areal nonpoint source watershed environment response simulation，区域非点源流域环境响应模拟）、CREAM（chemicals runoff and erosion from agricultural management systems，农业管理系统的化学品流失和侵蚀）、AGNPS（agricultural non-point source，农业面源）等（Polyakov et al.，2007；Walling et al.，2003），主要应用模型来开展面源污染管理研究，同时将模型与 3S［遥感（remote sensing，RS）、全球定位系统（global position system，GPS）、地理信息系统（geographic information system，GIS）］技术相结合。20 世纪 90 年代，SWAT（soil water assessment tool）、AAGNPS（annualized agricultural non-point source）等大型连续分布式参数机理模型的出现，使得农业面源污染模拟研究工作更加深入，极大提升了模拟精度（Liu et al.，2013）。作为农业面源污染研究的主要技术手段，农业面源污染模型与 GIS 的集成被广泛应用于分析污染负荷的时空分布、识别关键源区、模拟管理方案和措施等（Wanniarachchi et al.，2012）。

在面源污染模拟研究中，ANSWERS、AGNPS、HSPF、SWAT 等模型因其经过长期的实践检验和自身的不断完善，逐渐成为面源污染模拟的常用模型。但ANSWRS、AGNPS 为单次降雨事件模型，无法对流域内的非点源污染进行长时间序列模拟与预测（Luo et al.，2015）。HSPF 模型虽然适用于大流域长时间序列连续模拟，但只能模拟到各子流域不同土地利用类型污染负荷产生量，其空间分辨率较低（罗娜等，2019）。SWAT 模型作为连续模拟模型，在农业流域应用较为广泛，适用于不同的土地利用方式、土壤类型及作物管理模式下的复杂流域。此外，SWAT 模型与地理信息系统的高度集成有效地提高了模型在结果表达、数据管理、参数提取等方面的效率，模拟的有效性已经通过大量应用实践的验证。但是 SWAT 模型由于涉及数据复杂、参数众多等因素，在应用于面源污染研究中具有一定局限性，尤其是缺少长期实测数据的流域。将 SWAT 模型与其他面源污染负荷估算模型相结合，是解决研究区实测数据不足的有效措施。因此，本书通过建立基于质量平衡原理的农业面源污染负荷估算模型，进一步耦合 SWAT 模型进行农业面源污染的数值模拟研究。

SWAT 模型主要包括水文过程子模型、土壤侵蚀子模型和污染负荷子模型。水量平衡是流域内所有过程模拟的核心原理，水文模拟分为陆地阶段和河网汇流阶段：陆地阶段主要是确定每个子流域进入主河道的水量、泥沙、营养物和杀虫剂负荷；河网汇流阶段主要指流域河网中的水流、泥沙等向出水口运移的过程（Neitsch，2011）。随着模型的发展和应用不断成熟，SWAT 模型被越来越多地用于评估流域尺度下的面源污染，分析其时空分布特征进而识别关键污染地区和关键污染时期，也用于分析和评价污染控制管理措施对水环境的影响。SWAT 模型被 US EPA、美国国家海洋和大气管理局（National Oceanic and Atmospheric Administration，NOAA）等用来评估气候变化和管理措施对土地利用、面源负荷及农药污染物的影响（Arnold et al.，1998）。Santhi 等（2001）将 SWAT 模型应用于得克萨斯州的博斯克流域，结果表明 SWAT 模型可成功对流量、泥沙及营养物质进行模拟与预测，也可用于研究不同管理情景对流域面源污染的影响。Niraula 等（2013）以美国阿拉巴马州中东部 Saugahatchee 流域为研究区域，应用 SWAT 模型和广义流域负荷函数（generalized watershed loading function，GWLF）模型对面源污染关键地区进行了识别分析，结果表明种植有相当数量农作物的子流域为 TN、TP 污染控制的关键区域，并且在模型验证过程中发现，SWAT 模型在泥沙、TN、TP 方面的模拟效果优于 GWLF 模型。Behera 等（2006）以孟加拉西部的一个 $973hm^2$ 的农业流域为研究区域，识别了农业流域的关键污染地区并提出了最佳管理措施。Bouraoui 等（2008）的研究表明，肥料施用时间与降雨时间的一致性是氮、磷等营养物质通过土壤渗漏流失的主要原因。Jang 等（2017）运用 SWAT 模型评估了三种不同的管理措施对韩国 Haean 高原农业流域泥沙、TN、TP 负荷排放量的影响，结果表明植被过滤带对泥沙拦截效果最优，1m 宽度的植被过滤带可降低约 16%的泥沙负荷，施肥量降低 10%可减少氮磷负荷约 4.9%，稻草覆盖措施可使径流减少 6%，还可降低 4%的泥沙量及 1.3%的 TP 负荷输出量。

国内在应用 SWAT 模型进行面源污染负荷模拟方面也开展了大量研究工作。模拟空间尺度包括从几十平方千米的小流域到几千平方千米的大流域，研究深度也逐渐增加，从简单模拟农业面源的空间分布到不同土地利用或不同管理措施下的流域氮磷流失量，再到 SWAT 与其他模型耦合分析流域面源污染时空分布特征，并提出了相应的控制措施（欧阳威等，2014；张秋玲，2010；范丽丽等，2008；万超等，2003）。范丽丽等（2008）研究了 2003 年三峡库区大宁河流域面源污染负荷的空间分布特征，结果表明流域西部土壤侵蚀发生相对严重的地区面源污染负荷产生量显著高于东部。张秋玲（2010）模拟了杭嘉湖地区中稻田与油菜田氮磷流失过程，结果表明氮磷流失负荷与降水量和降水强度呈正相关关系。欧阳威等（2014）以巢湖地区的拓皋河流域为例，运用 SWAT 模拟分析了面源污染输出负荷的时间变化和空间分布特征，结果表明不同水平年的磷污染差异较大，磷污染防治关键时期为 6～8 月，磷负荷的增加主要集中在农田区域，土地的合理利用和磷肥的合理使用是减少研究区磷污染的有效措施。万超等（2003）应用 SWAT 模型对 3 个不同水平年进行了模拟计算，揭示了潘家口水库上游流域面源污染负荷的时空变化特征及主要影响因素，研究发现化肥的施用量和施用时间对年内面源污染负荷有着重要的影响。Shi 等（2017）以三峡库区的澎溪河流域为研究区域，构建了适用于研究区的参数数据库，并对该流域日尺度水量、TN 负荷、TP 负荷进行模拟，结果表明，澎溪河流域平均年产水量 39.3 亿 m^3、平均年 TN 负荷 9406t、平均年 TP 负荷 984t，高污染负荷区域集中在流域的中部和南部。张荣飞等（2014）将小尺度土地利用变化及其空间效应（conversion of land use and its effects at small region extent，CLUE-S）模型和 SWAT 模型相结合，模拟了密云山水库上游流域不同土地利用情景的污染负荷，结果表明不同土地利用结构和格局的变化对面源污染负荷有着显著的影响。

目前，SWAT 模型在我国的应用范围越来越广，不仅在径流模拟中能获得满意的结果，在土壤侵蚀模拟、面源污染模拟、蒸腾蒸发及土地利用/覆被变化研究、气候变化对径流模拟的影响研究等方面也有广泛应用，但影响每种模拟效果的因素却各有不同，因此在具体研究时应注意参数的选取与调整（刘洪延，2019）。

1.3　水环境污染修复

为了有效去除水体中的重金属，学者进行了大量努力和尝试，并成功开发出一系列水环境重金属污染修复技术与方法，如现阶段较为成熟的化学沉淀法、离子交换法、吸附法、膜过滤法和絮凝-沉淀法等。①化学沉淀法是将特定的化学试剂加入含有重金属的水体中，通过重金属离子与试剂之间的化学反应生成不溶的沉淀物，达到重金属去除的目的。常规的化学沉淀包括氢氧化物沉淀、硫化物沉淀和金属螯合沉淀等（Ku et al.，2001）。②离子交换法是通过离子交换树脂与水体中的重金属离子产生交换作用达到固定重金属的目的。当含有重金属的溶液通过离子柱时，树脂表面官能团（—COOH、—SO_3H）中的氢与重金属离子发生交换作用成为氢离子，而重金属离子则替代氢原子进而被固定于离子交换剂表面。因其具有重金属吸附能力强、去除效率高、动力学速率快等优点，被广泛应用于工业废水的处理（Alyuez et al.，2009）。③吸附法是利用重金属离子的扩散作用与多孔材料的空隙表面和内部形成范德瓦耳斯力或氢键等而将污染物固定在吸附材料中。常规的吸附法主要是利用商业活性炭、人工合成的吸附剂等孔隙体积大且比表面积大的特点，对重金属离子进行物理吸附，被认为是一种经济且高效的方法（Fu et al.，2011）。④膜过滤法即利用特殊的滤膜对水体中的污染物进行过滤而达到去除的目的，具有效率高、操作方便、节省空间等优点，在重金属的去除应用方面拥有广阔的前景。目前废水中常规的重金属膜过滤工艺有超滤、反渗透、纳滤和电渗析等（Fu et al.，2011）。⑤絮凝-沉淀法通过向含重金属的废水中添加絮凝剂，使污染物和混凝-絮凝剂在分子力的相互作用下形成不稳定胶体，并和杂质在碰撞过程中集聚变大，或形成絮团，从而加快粒子的聚沉，达到固-液分离的目的（El Samrani et al.，2008）。

生物炭作为一种环境友好型的生物基材料，其因制备材料来源广泛、制备方法简单、去除效率高等特点，近年来也被广泛应用于水环境中污染物的吸附与去除（Ahmed et al.，2016）。Katiyar 等（2021）利用泡叶藻为原料制备生物炭去除水体中的 Cu^{2+}，结果表明泡叶藻生物炭对水体中的 Cu^{2+} 的去除效率高达 99%。Yang 等（2021）以刺槐和榴莲壳制备生物炭，其对水体中 Cd^{2+} 的吸附容量分别为 11.37mg/g 和 37.64mg/g，去除效果明显。此外，通过改变制备条件或改性手段还可以进一步提高生物炭的吸附性能。例如，Liu 等（2020）通过水热碳化法制备了玉米秸秆生物炭，相比于慢速热解法，水热碳化法能够显著提高生物炭表面官能团数量，从而增加生物炭对重金属的络合吸附。Chen 等（2021）以羟基磷石灰为改性剂合成了改性生物炭，综合了羟基磷石灰和生物炭的优点，大大提高了生物炭的离子交换能力和表面官能团数量，对 Cu^{2+} 和 Cd^{2+} 吸附能力显著增强。因此，以废弃生物质为原材料制备生物炭，将其作为环境中重金属的高效吸附剂具有广阔的应用前景。

1.4 主要生态问题与解决思路及方案

1.4.1 主要生态问题

三江平原位于黑龙江省东北部，包含着我国最大的天然淡水沼泽分布区，具有重要的区域、国家和全球生态意义（王辉等，2019）。自 20 世纪 50 年代以来，三江平原共经历了 1949～1954 年、1956 年、1958 年、1969～1973 年以及 20 世纪 70 年代末 5 次大规模农垦开发高潮（Mao et al.，2015；刘东等，2011），导致内部沼泽湿地、草甸湿地以及沼泽化草甸湿地被开垦为农业用地，耕地面积占比提升至 56.5%（杨春霞等，2020），这使得三江平原成为了我国重要的商品粮生产基地。三江平原为保障国家粮食安全做出突出贡献的同时，其沼泽湿地面积也逐渐萎缩，生态环境质量急剧下降，1954～2015 年三江平原沼泽湿地减少了近 80%（杨春霞等，2020）。河沼系统作为连接水生生态系统和陆地生态系统的重要生态交错带，随着人类活动影响的不断加剧，不可避免地会受到周边湿地复垦、农田退水及生态旅游等人为活动的影响（Lin et al.，2015）。黑龙江省人民政府办公厅印发的《黑龙江省湿地保护修复工作实施方案》中明确规定，强化湿地保护和生态恢复，构建三江平原湿地保护网络。

1. 水资源短缺与水环境恶化

水资源是制约河沼系统发展演变的关键驱动因子，通过不断与地表水、地下水进行水分交换，河沼系统得以生存和发展（卞建民等，2004）。然而，近年来由于经济利益的驱使，人类在特定时段或空间范围内过多地占用、影响和控制了水资源（严登华等，2007），加之全球气候变化的影响，导致河沼系统面积萎缩、自净能力下降与水质污染程度不断加深，进而造成河沼系统结构与生态功能不断退化。此外，对水源补给主要依赖于降水且缺乏上游补给的沼泽湿地而言，其对气候变化的响应更加敏感，区域降水量、状态和季节分布的变化将对沼泽湿地径流和地下水水位产生综合影响，而水文情势的改变最终还将作用到湿地生态系统安全。由于三江平原大规模农垦开发的历史，农田面积占比急剧上升，并随着近年来水田面积的不断扩大，导致农业灌溉用水与生态用水矛盾更加突出。据统计，世界上近 85% 的淡水资源被用于农业灌溉。同时，水利工程的修建显著改变了地表水文情势，例如挠力河及其支流上修建了数十座中小型水库，以及部分大规模排水工程的建成，导致生态用水被大量截流或随排水渠不断排出，致使沼泽湿地水量急剧减少，湿地破碎化不断加剧（李伟业等，2007）。此外，农垦开发活动也导致现有河流和沼泽湿地均被农田所包围，进而加大了河沼系统与周边农田的水文联系和物质交换频率。《第二次全国污染源普查公报》显示，我国农业源排放进入水体的污染物中化学需氧量（COD）、氨氮（NH$_3$-N）、总氮（TN）、总磷（TP）

分别为 1067.13 万 t、1.62 万 t、141.49 万 t 和 21.20 万 t，其中种植业 TN 流失量为 71.95 万 t，TP 流失量为 7.62 万 t。由于湿地与农田存在水文上的交互性，农业生产资料的大量施用无疑会对河沼系统的生态功能和可持续发展产生巨大影响。根据环境保护部发布的《2016 中国环境状况公报》，2016 年，河流湿地中重点监测的 1617 个监测断面中，未达到Ⅲ类水质的占比达到 28.8%。1995~2003 年，第一次全国湿地资源调查结果就表明，湿地水环境污染是造成我国天然湿地面积锐减、生态功能下降与生物多样性减少的重要原因（马广仁等，2019）。同时，第二次全国湿地资源调查结果再次表明，我国湿地受到的环境压力持续增大，水环境污染进一步加深。为科学有效地解决湿地水环境污染问题，针对不同污染类型及特征应采取适宜的污染控制措施，而水质综合污染等级评价是水质污染防控的基础性工作，并且科学有效地识别造成水体污染的主控因子对于区域水环境污染的精准防治、降低污染治理与监测成本至关重要。

2. 农业面源污染与生态环境安全

农业面源污染是造成区域水体富营养化的重要原因（周慧平等，2008）。氮和磷是植物生长和发育所必需的营养元素，为保障日益增长的粮食产量需求，有必要在耕地中添加氮肥和磷肥以维系粮食作物的增产增收。然而，化肥的过量施用破坏了土壤中长期存在的氮磷平衡，并加速了氮磷在水体/土壤界面间的迁移。通常，氮、磷等营养元素会受到降雨的冲刷，并通过渗漏、地表径流和土壤侵蚀等环境过程从土壤中流失，并随着径流及泥沙的迁移进入水体，导致水体中氮磷含量升高，进而造成水体富营养化，威胁区域生态环境安全（Zhang et al.，2012；全为民等，2002）。我国农业面源污染形势非常严峻，农业源（含畜禽养殖业、水产养殖业、种植业）氮、磷负荷分别占 TN、TP 污染的 57%和 67%，已成为污染源之首（《第一次全国污染源普查公报》），因此控制农业源对面源污染治理至关重要。

长期以来，国内外学者在面源污染的削减等方面开展了大量的研究（Lin et al.，2009；张蕾等，2009；Guo et al.，2008），但由于农业面源污染受到气候、降水、植被等多方面因素影响，排放途径及污染物类型具有不确定性，污染负荷在时空分布上差异很大，从而加大了面源污染研究、治理和管理政策制定的难度（孔莉莉等，2010；Han et al.，2010）。因此，建立面源污染数值模拟模型，对面源污染

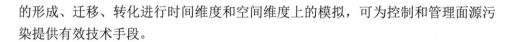

的形成、迁移、转化进行时间维度和空间维度上的模拟，可为控制和管理面源污染提供有效技术手段。

3. 栖息地环境/健康风险

河沼系统作为水陆生态系统间过渡性的自然综合体，承担着水源涵养、水文调节、生物多样性与生境维持等重要生态服务功能，但迫于高强度人类生产活动的影响，河沼系统正面临着严重的生态退化。如农业生产过程中化肥、农药的大量施用会导致 Cd、Zn 等重金属元素通过地表径流和大气沉降等方式进入河沼系统。寒冷地区受冬季燃煤供暖和生物质燃烧的影响，大量重金属元素经大气沉降而储存在积雪（雪被）中，并在融雪期通过融雪水渗入土壤或产生融雪径流汇入河沼系统。同时，针对寒冷地区冬季水体封冻的特点，湿地内部的积雪成为鸟类的主要饮用水来源，因此通过考虑积雪经口摄入而引起的湿地候鸟重金属暴露风险，可从侧面反映出大气污染对湿地候鸟的影响程度。三江平原沼泽湿地作为我国珍稀水禽的重要栖息地与繁殖地和东北亚鸟类迁徙的重要通道，湿地候鸟在捕食过程中不可避免地会摄入环境介质中的重金属，特别是土壤/沉积物中的重金属元素还受到成土母质的影响，即处于天然或低污染含量下的重金属仍可能对湿地候鸟产生不利影响，传统的仅针对降低污染物含量的湿地候鸟保护方案则存在明显不足，这更加突出了湿地生态系统重金属污染风险识别与珍稀物种暴露风险评估的紧迫性和重要性。

1.4.2 解决思路及方案

鉴于三江平原农田-河沼系统的实际情况，本书以三江平原农田-河沼系统（七星河及其伴生的沼泽湿地与周边农田）为目标研究区域，将农田、积雪、水体、沉积物和水生生物视为复合环境系统，综合集成环境监测、来源解析与数值模拟技术和方法，来识别污染物输移路径、环境/健康风险，并进行污染调控与修复，从而形成系统性的寒区河沼系统污染物环境行为与调控机理研究方案。

针对农业面源污染问题，通过获取农业生产作物管理数据，依据质量平衡原理，充分考虑氮、磷循环的环境过程，构建农田-河沼系统农业面源污染负荷估算模型，耦合 SWAT 生态水文模型，对农业面源污染进行数值模拟，探寻农业面源污染的时空演变规律，揭示农业面源污染关键地区及关键时期，从"源"（污染源控制）、"流"（污染物迁移转化过程）、"汇"（污染物截留控制）视角对农业面源污染进行全过程跟踪模拟，并提出综合调控管理模式。此外，通过构建农业区湿地水环境水质分类等级评价模型，识别影响水质变化的关键因子。

针对重金属污染特征识别与风险评估问题，通过建立多介质环境立体式监测网络体系，探寻寒区湿地生态系统多介质环境（水体、积雪、沉积物、水生生物）中重金属的分布状态与污染水平，识别重金属元素在水体、沉积物、水生生物间的分配特征；建立湿地积雪重金属残留清单，估算冬季降雪重金属输入量；明晰重金属元素在野生鱼类体内的富集情况，揭示其差异化富集特征及其主要影响因素，并以湿地水环境重金属的实际暴露途径为切入点，评估因鱼类消费而引起的人体健康风险，识别水体-沉积物-野生鱼类系统中重金属的源汇关系及风险传递机制；评价湿地生态系统重金属污染等级，通过考虑重金属总量和各形态含量，解析重金属污染所引起的潜在生态风险。最后，构建一套基于食物链结构组成的重金属污染综合暴露风险评估方法，并提出相应的风险阈值，定量分析和预测环境介质中重金属污染对不同发育时期湿地候鸟的影响程度。

针对河沼系统水环境污染修复与去除问题，以城市园林废弃物为原料制备生物基材料，并通过响应面法优化材料的制备过程，研究热解温度、热解时间和升温速率对生物基材料产率和污染物吸附量的影响，揭示热解参数与生物基材料产率及污染物吸附性能之间存在的矛盾关系，实现对产率和吸附性能的综合考量，降低其应用成本。

本书将抽象概化出适宜三江平原农田-河沼系统多介质环境（土壤、水体、积雪、沉积物、水生生物）中重金属和农业面源污染物的污染评价、环境行为模拟、污染调控与去除、暴露风险量化与评估的规律、方法和技术，为强化湿地生态系统保护与恢复，以及全面构建三江平原湿地保护网络体系，推进龙江生态强省建设战略布局提供技术支撑和决策依据。

参 考 文 献

卞建民, 王娟, 杜崇, 2004. 向海湿地生态环境退化机制研究[J]. 地域研究与开发(5): 125-128.

崔守斌, 张翼翔, 2017. 试析湿地生境优良转化的特征[J]. 农业与技术, 37(22): 17-18.

杜晓坤, 2020. 基于形态演化的重金属复合污染场地风险评估方法研究[D]. 北京: 北京化工大学.

范丽丽, 沈珍瑶, 刘瑞民, 等, 2008. 基于 SWAT 模型的大宁河流域非点源污染空间特性研究[J]. 水土保持通报, 28(4): 133-137.

付强, 郎景波, 李铁男, 等, 2016. 三江平原水资源开发环境效应及调控机理研究[M]. 北京: 中国水利水电出版社.

郭圣浩, 孙丽菲, 2010. 基于水文模型的面源污染模拟研究综述[J]. 科技传播(7): 12-13.

国家林业和草原局, 2014. 第二次全国湿地资源调查主要结果(2009—2013 年)[EB/OL]. (2014-01-28)[2022-04-02]. http://www.forestry.gov.cn/main/65/content-758154.html.

环境保护部, 2014. 全国土壤污染状况调查公报[EB/OL]. (2014-04-17)[2022-04-02]. https://www.mee.gov.cn/gkml/ sthjbgw/qt/201404/t20140417_270670.htm.

姜刘志, 王学雷, 厉恩华, 等, 2012. 生态恢复前后的洪湖水质变化特征及驱动因素[J]. 湿地科学, 10(2): 188-193.

金菊良, 魏一鸣, 丁晶, 2001. 水质综合评价的投影寻踪模型[J]. 环境科学学报, 21(4): 431-434.

孔莉莉, 张展羽, 朱磊, 2010. 水文过程中灌区农田非点源氮的归趋研究进展[J]. 水科学进展, 21(6): 853-860.

李健, 郑春江, 1988. 环境背景值数据手册[M]. 北京: 中国环境科学出版社.

李伟业, 付强, 赵青, 2007. 三江平原沼泽湿地水文水资源环境变化分析[J]. 水土保持研究, 14(6): 298-300, 305.

李卫东, 刘云根, 田昆, 等, 2010. 滇西北高原剑湖茭草湿地湖滨带对农业面源 N·P 污染净化效果研究[J]. 安徽农业科学, 38(32): 18294-18296, 18350.

刘东, 周方录, 王维国, 等, 2011. 三江平原农业水文系统复杂性测度方法与应用[M]. 北京: 中国水利水电出版社.

刘洪延, 2019. SWAT 模型研究及应用进展[J]. 亚热带水土保持, 31(2): 34-37.

刘静, 马克明, 曲来叶, 2018. 湛江红树林湿地水体重金属污染评价及来源分析[J]. 水生态学杂志, 39(1): 23-31.

刘雅明, 王祖伟, 王子璐, 等, 2020. 长期种植对设施菜地土壤中重金属分布的影响及生态风险评估[J]. 天津师范大学学报(自然科学版), 40(6): 54-61, 80.

罗娜, 李华, 樊霆, 等, 2019. HSPF 模型在流域面源污染模拟中的应用[J]. 浙江农业科学, 60(1): 141-145.

吕宪国, 2001. 湿地保护与我国水资源安全[J]. 中国水利(11): 26-27, 5.

马广仁, 刘国强, 2019. 中国湿地保护地管理[M]. 北京: 科学出版社.

马莉, 2020. 草海鸟类栖息地土壤重金属形态分布及风险评价[D]. 贵阳: 贵州师范大学.

欧阳威, 黄浩波, 蔡冠清, 2014. 巢湖地区无监测资料小流域面源磷污染输出负荷时空特征[J]. 环境科学学报, 34(4): 1024-1031.

曲艺, 张弘强, 曾星雨, 等, 2021. 三江平原湿地恢复适宜性评价[J]. 国土与自然资源研究(1): 76-78.

权轻舟, 2017. 国内湿地重金属污染评价的研究进展[J]. 中国农学通报, 33(8): 60-67.

全为民, 严力蛟, 2002. 农业面源污染对水体富营养化的影响及其防治措施[J]. 生态学报, 22(3): 291-299.

单元琪, 姚允龙, 张欣欣, 等, 2020. 三江平原七星河流域湿地植物多样性及影响因素[J]. 生态学报, 40(5): 1629-1636.

田淑新, 贾昭钰, 王栋, 等, 2020. 七星河国家级自然保护区鸟类物种多样性研究[J]. 湿地科学, 18(3): 303-312.

万超, 张思聪, 2003. 基于 GIS 的潘家口水库面源污染负荷计算[J]. 水力发电学报(2): 62-68.

王辉, 宋长春, 2019. 三江平原湿地区域生态风险评价研究[J]. 地理科学进展, 38(6): 872-882.

吴运敏, 陈求稳, 李静, 2011. 模糊综合评价在小流域河道水质时空变化研究中的应用[J]. 环境科学学报, 31(6): 1198-1205.

徐明露, 方凤满, 林跃胜, 2015. 湿地土壤重金属污染特征、来源及风险评价研究进展[J]. 土壤通报, 46(3): 762-768.

严登华, 王浩, 王芳, 等, 2007. 我国生态需水研究体系及关键研究命题初探[J]. 水利学报(3): 267-273.

杨春霞, 郑华, 欧阳志云, 2020. 三江平原土地利用变化、效应与驱动力[J]. 环境保护科学, 46(5): 99-104.

张福祥, 崔嵩, 朱乾德, 等, 2020. 七星河湿地水环境重金属污染特征与风险评价[J]. 环境工程, 38(10): 68-75.

张家春, 林绍霞, 张清海, 等, 2014. 贵州草海湿地周边耕地土壤与农作物重金属污染特征[J]. 水土保持研究, 21(3): 273-278.

张家泉, 田倩, 许大毛, 等, 2017. 大冶湖表层水和沉积物中重金属污染特征与风险评价[J]. 环境科学, 38(6): 2355-2363.

张蕾, 卢文富, 安永磊, 等, 2009. SWAT 模型在国内外非点源污染研究中的应用进展[J]. 生态环境学报, 18(6): 2387-2392.

张秋玲, 2010. 基于 SWAT 模型的平原区农业非点源污染模拟研究[D]. 杭州: 浙江大学.

张荣飞, 王建力, 李昌晓, 2014. 土壤、水文综合工具(SWAT)模型的研究进展及展望[J]. 科学技术与工程, 14(4): 137-142, 149.

赵丽, 王雯雯, 姜霞, 等, 2016. 丹江口水库沉积物重金属背景值的确定及潜在生态风险评估[J]. 环境科学, 37(6): 2113-2120.

中国科学院, 2016. 中国学科发展战略: 环境科学[M]. 北京: 科学出版社.

周慧平, 高超, 2008. 巢湖流域非点源磷流失关键源区识别[J]. 环境科学(10): 2696-2702.

周林飞, 许士国, 孙万光, 2007. 基于灰色聚类法的扎龙湿地水环境质量综合评价[J]. 大连理工大学学报(2): 240-245.

周强, 2017. 挠力河中下游湿地生态需水量研究[D]. 大连: 大连理工大学.

祝云龙, 姜加虎, 2010. 湖泊湿地沉积物重金属污染的研究现状与进展[J]. 安徽农业科学, 38(22): 11902-11905, 11928.

NEITSCH S L, ARNOLD J G, KINIRY J R, et al., 2011. SWAT 2009 理论基础[M]. 龙爱华, 邹松兵, 许宝荣, 等, 译. 郑州: 黄河水利出版社.

ADAMS W J, KIMERLE R A, BARNETT J W, 1992. Sediment quality and aquatic life assessment[J]. Environmental Science and Technology, 26(10): 1864-1875.

ADU J T, KUMARASAMY M V, 2018. Assessing non-point source pollution models: A review[J]. Polish Journal of Environmental Studies, 27(5): 1913-1922.

AHMED M B, ZHOU J L, NGO H H, et al., 2016. Progress in the preparation and application of modified biochar for improved contaminant removal from water and wastewater[J]. Bioresource Technology, 214: 836-851.

ALBERTO W D, DEL PILAR D M, VALERIA A M, et al., 2001. Pattern recognition techniques for the evaluation of spatial and temporal variations in water quality. A case study: Suquia River Basin (Cordoba-Argentina)[J]. Water Research, 35(12): 2881-2894.

ALI E M, KHAIRY H M, 2016. Environmental assessment of drainage water impacts on water quality and eutrophication level of Lake Idku, Egypt[J]. Environmental Pollution, 216: 437-449.

ALYUEZ B, VELI S, 2009. Kinetics and equilibrium studies for the removal of nickel and zinc from aqueous solutions by ion exchange resins[J]. Journal of Hazardous Materials, 167(1-3): 1057-1062.

AZIMI S, AZHDARY M M, HASHEMI M S A, 2019. Prediction of annual drinking water quality reduction based on Groundwater Resource Index using the artificial neural network and fuzzy clustering[J]. Journal of Contaminant Hydrology, 220: 6-17.

BARDESTANI R, ROY C, KALIAGUINE S, 2019. The effect of biochar mild air oxidation on the optimization of lead(II) adsorption from wastewater[J]. Journal of Environmental Management, 240: 404-420.

BEHERA S, PANDA R K, 2006. Evaluation of management alternatives for an agricultural watershed in a sub-humid subtropical region using a physical process based model[J]. Agriculture Ecosystems & Environment, 113(1-4): 62-72.

BOURAOUI F, GRIZZETTI B, 2008. An integrated modelling framework to estimate the fate of nutrients: Application to the Loire (France)[J]. Ecological Modelling, 212(3-4): 450-459.

BRADY J P, AYOKO G A, MARTENS W N, et al., 2015. Development of a hybrid pollution index for heavy metals in marine and estuarine sediments[J]. Environmental Monitoring and Assessment, 187(5): 306.

BRYANIN S V, SOROKINA O A, 2019. Effect of soil properties and environmental factors on chemical compositions of forest soils in the Russian Far East[J]. Journal of Soils and Sediments, 19(3): 1130-1138.

CAO Q Q, WANG H, LI Y R, et al., 2018. The national distribution pattern and factors affecting heavy metals in sediments of water systems in China[J]. Soil and Sediment Contamination, 27(1-4): 79-97.

CELIK E, DURMUS A, ADIZEL O, et al., 2021. A bibliometric analysis: what do we know about metals(loids) accumulation in wild birds? [J]. Environmental Science and Pollution Research, 28(8): 10302-10334.

CHEN Y N, LI M L, LI Y P, et al., 2021. Hydroxyapatite modified sludge-based biochar for the adsorption of Cu^{2+} and Cd^{2+}: Adsorption behavior and mechanisms[J]. Bioresource Technology, 321: 124413.

CHEN Y X, JIANG X S, WANG Y, et al., 2018. Spatial characteristics of heavy metal pollution and the potential ecological risk of a typical mining area: A case study in China[J]. Process Safety and Environmental Protection, 113: 204-219.

CUI S, ZHANG F X, HU P, et al., 2019. Heavy metals in sediment from the urban and rural rivers in Harbin City, Northeast China[J]. International Journal of Environmental Research and Public Health, 16(22): 4313.

DENG H G, GU T F, LI M H, et al., 2012. Comprehensive assessment model on heavy metal pollution in soil[J]. International Journal of Electrochemical Science, 7(6): 5286-5296.

EEVA T, RAINIO M, BERGLUND A, et al., 2014. Experimental manipulation of dietary lead levels in great tit nestlings: limited effects on growth, physiology and survival[J]. Ecotoxicology, 23(5): 914-928.

EL SAMRANI A G, LARTIGES B S, VILLIERAS F, 2008. Chemical coagulation of combined sewer overflow: Heavy metal removal and treatment optimization[J]. Water Research, 42(4-5): 951-960.

ETESAMI H, 2018. Bacterial mediated alleviation of heavy metal stress and decreased accumulation of metals in plant tissues: Mechanisms and future prospects[J]. Ecotoxicology and Environmental Safety, 147: 175-191.

EVELYN U, CHRIS P, ANDREW H, et al., 2018. Effectiveness of a natural headwater wetland for reducing agricultural nitrogen loads[J]. Water, 10(3): 287.

FU F L, WANG Q, 2011. Removal of heavy metal ions from wastewaters: A review[J]. Journal of Environmental Management, 92(3): 407-418.

GAO L, WANG Z W, LI S H, et al., 2018. Bioavailability and toxicity of trace metals (Cd, Cr, Cu, Ni, and Zn) in sediment cores from the Shima River, South China[J]. Chemosphere, 192: 31-42.

GAO Y H, KAZIEM A E, ZHANG Y H, et al., 2018. A hollow mesoporous silica and poly(diacetone acrylamide) composite with sustained-release and adhesion properties[J]. Microporous and Mesoporous Materials, 255: 15-22.

GE J, ZHANG C, SUN Y C, et al., 2019. Cadmium exposure triggers mitochondrial dysfunction and oxidative stress in chicken (Gallus gallus) kidney via mitochondrial UPR inhibition and Nrf2-mediated antioxidant defense activation[J]. Science of the Total Environment, 689: 1160-1171.

GÜLBAZ S, KAZEZYILMAZ-ALHAN C M, 2017. An evaluation of hydrologic modeling performance of EPA SWMM for bioretentions[J]. Water Science and Technology, 76(11): 3035-3043.

GUO S L, DANG T H, HAO M D, 2008. Phosphorus changes and sorption characteristics in a calcareous soil under long-term fertilization[J]. Pedosphere, 18(2): 248-256.

HAKANSON L, 1980. An ecological risk index for aquatic pollution control. A sediment logical approach[J]. Water Research, 14(8): 975-1001.

HALE R, SWEARER S E, SIEVERS M, et al., 2019. Balancing biodiversity outcomes and pollution management in urban stormwater treatment wetlands[J]. Journal of Environmental Management, 233: 302-307.

HAN J G, LI Z B, LI P, et al., 2010. Nitrogen and phosphorous concentrations in runoff from a purple soil in an agricultural watershed[J]. Agricultural Water Management, 97(5): 757-762.

HASHMAT A J, AFZAL M, FATIMA K, et al., 2019. Characterization of hydrocarbon-degrading bacteria in constructed wetland microcosms used to treat crude oil polluted water[J]. Bulletin of Environmental Contamination and Toxicology, 102(3): 358-364.

JANG S S, AHN S R, KIM S J, 2017. Evaluation of executable best management practices in Haean highland agricultural catchment of South Korea using SWAT[J]. Agricultural Water Management, 180: 224-234.

JARUP L, 2003. Hazards of heavy metal contamination[J]. British Medical Bulletin, 68: 167-182.

JIANG J B, WANG J, LIU S Q, et al., 2013. Background, baseline, normalization, and contamination of heavy metals in the Liao River Watershed sediments of China[J]. Journal of Asian Earth Science, 73(8): 87-94.

KAMRAN M, MALIK Z, PARVEEN A, et al., 2019. Biochar alleviates Cd phytotoxicity by minimizing bioavailability and oxidative stress in pak choi (Brassica chinensis L.) cultivated in Cd-polluted soil[J]. Journal of Environmental Management, 250: 109500.

KATIYAR R, PATEL A K, NGUYEN T B, et al., 2021. Adsorption of copper (II) in aqueous solution using biochars derived from Ascophyllum nodosum seaweed[J]. Bioresource Technology, 328: 124829.

KERTÉSZ V, FÁNCSI T, 2003. Adverse effects of (surface water pollutants) Cd, Cr and Pb on the embryogenesis of the mallard[J]. Aquatic Toxicology, 65(4): 425-433.

KU Y, JUNG I L, 2001. Photocatalytic reduction of Cr(VI) in aqueous solutions by UV irradiation with the presence of titanium dioxide[J]. Water Research, 35(1): 135-142.

LAFABRIE C, PERGENT G, KANTIN R, et al., 2007. Trace metals assessment in water, sediment, mussel and seagrass species—validation of the use of Posidonia oceanica as a metal biomonitor[J]. Chemosphere, 68(11): 2033-2039.

LAVRNIĆ S, BRASCHI I, ANCONELLI S, et al., 2018. Long-term monitoring of a surface flow constructed wetland treating agricultural drainage water in Northern Italy[J]. Water, 10(5): 644.

LI J Q, CEN D Z, HUANG D L, et al., 2014. Detection and analysis of 12 heavy metals in blood and hair sample from a general population of Pearl River delta area[J]. Cell Biochemistry and Biophysics, 70(3): 1663-1669.

LIANG J, LIU J Y, YUAN X Z, et al., 2015. Spatial and temporal variation of heavy metal risk and source in sediments of Dongting Lake wetland, mid-south China[J]. Journal of Environmental Science and Health Part A-Toxic/Hazardous Substances & Environmental Engineering, 50(1): 100-108.

LIANG J, LIU J Y, YUAN X Z, et al., 2016. A method for heavy metal exposure risk assessment to migratory herbivorous birds and identification of priority pollutants/areas in wetlands[J]. Environmental Science and Pollution Research, 23(12): 11806-11813.

LIN C Y, WANG J, CHENG H G, et al., 2015. Arsenic profile distribution of the wetland argialbolls in the Sanjiang Plain of Northeastern China[J]. Scientific Report, 5(1): 10766.

LIN C Y, WANG J, LIU S Q, et al., 2013. Geochemical baseline and distribution of cobalt, manganese, and vanadium in the Liao River Watershed sediments of China[J]. Geosciences Journal, 17(4): 455-464.

LIN C, LIU Y, LI W Q, et al., 2014. Speciation, distribution, and potential ecological risk assessment of heavy metals in Xiamen Bay surface sediment[J]. Acta Oceanologica Sinica, 33(4): 13-21.

LIN J S, SHI X Z, LU X X, et al., 2009. Storage and spatial variation of phosphorus in paddy soils of China[J]. Pedosphere, 19(6): 790-798.

LIN Z, LI F, HUANG H, et al., 2011. Households' willingness to reduce pollution threats in the Poyang Lake region, southern China[J]. Journal of Geochemical Exploration, 110(1): 15-22.

LIU J Y, LIANG J, YUAN X Z, et al., 2015. An integrated model for assessing heavy metal exposure risk to migratory birds in wetland ecosystem: a case study in Dongting Lake Wetland, China[J]. Chemosphere, 135: 14-19.

LIU R M, ZHANG P P, WANG X J, et al., 2013. Assessment of effects of best management practices on agricultural non-point source pollution in Xiangxi River watershed[J]. Agricultural Water Management, 117: 9-18.

LIU Y Y, WANG L, WANG X Y, et al., 2020. Oxidative ageing of biochar and hydrochar alleviating competitive sorption of Cd(II) and Cu(II)[J]. Science of the Total Environment, 725: 138419.

LUO C, LI Z F, LI H P, et al., 2015. Evaluation of the AnnAGNPS model for predicting runoff and nutrient export in a typical small watershed in the hilly region of Taihu Lake[J]. International Journal of Environmental Research and Public Health, 12(9): 10955-10973.

MAO D H, WANG Z M, LI L, et al., 2015. Soil organic carbon in the Sanjiang Plain of China: Storage, distribution and controlling factors[J]. Biogeosciences, 12(6): 1635-1645.

MAYS P A, EDWARDS G S, 2001. Comparison of heavy metal accumulation in a natural wetland and constructed wetlands receiving acid mine drainage[J]. Ecological Engineering, 16(4): 487-500.

MORRISSEY C A, BENDELL-YOUNG L I, ELLIOTTI J E, 2005. Assessing trace-metal exposure to American dippers in mountain streams of southwestern British Columbia, Canada[J]. Environmental Toxicology and Chemistry, 24(4): 836-845.

MÜLLER G, 1969. Index of Geoaccumulation in sediments of the Rhine River[J]. GeoJournal, 2(3): 109-118.

NEMEROW N L C, 1974. Scientific stream pollution analysis[M]. Washington: Scripta Book Company.

NIRAULA R, KAHN L, SRIVASTAVA P, et al., 2013. Identifying critical source areas of nonpoint source pollution with SWAT and GWLF[J]. Ecological Modelling, 268: 123-133.

PELLERA F M, GIANNIS A, KALDERIS D, et al., 2012. Adsorption of Cu(II) ions from aqueous solutions on biochars prepared from agricultural by-products[J]. Journal of Environmental Management, 96(1): 35-42.

PERIN G, CRABOLEDDA L, LUCCHESE M, et al., 1985. Heavy metal speciation in the sediments of Northern Adriatic Sea. A new approach for environmental toxicity determination[C]//International Conference "Heavy Metals in the Environment": 454-456.

POLYAKOV V, FARES A, KUBO D, et al., 2007. Evaluation of a non-point source pollution model, AnnAGNPS, in a tropical watershed[J]. Environmental Modelling & Software, 22(11): 1617-1627.

QIU J L, SHEN Z Y, WEI G Y, et al., 2018. A systematic assessment of watershed-scale nonpoint source pollution during rainfall-runoff events in the Miyun Reservoir watershed[J]. Environmental Science And Pollution Research International, 25(7): 6514-6531.

QUINTELA F M, LIMA G P, SILVEIRA M L, et al., 2019. High arsenic and low lead concentrations in fish and reptiles from Taim wetlands, A Ramsar site in southern Brazil[J]. Science of the Total Environment, 660: 1004-1014.

ROSADO D, USERO J, MORILLO J, 2015. Application of a new integrated sediment quality assessment method to Huelva estuary and its littoral of influence (Southwestern Spain)[J]. Marine Pollution Bulletin, 98(1-2): 106-114.

SAKAN S M, OREVIC D S, MANOJLOVIC D D, et al., 2009. Assessment of heavy metal pollutants accumulation in the Tisza river sediments[J]. Journal of Environmental Management, 90(11): 3382-3390.

SALAMAT N, ETEMADI-DEYLAMI E, MOVAHEDINIA A, et al., 2014. Heavy metals in selected tissues and histopathological changes in liver and kidney of common moorhen (Gallinula chloropus) from Anzali Wetland, the south Caspian Sea, Iran[J]. Ecotoxicology and Environmental Safety, 110: 298-307.

SANTHI C, ARNOLD J G, WILLIAMS J R, et al., 2001. Validation of the SWAT model on a large rwer basin with point and nonpoint sources[J]. Jawra Journal of the American Water Resources Association, 37(5): 1169-1188.

SHAHEEN S M, ABDELRAZEK M A S, ELTHOTH M, et al., 2019. Potentially toxic elements in saltmarsh sediments and common reed (Phragmites australis) of Burullus coastal lagoon at North Nile Delta, Egypt: A survey and risk assessment[J]. Science of the Total Environment, 649: 1237-1249.

SHARIFI Z, HOSSAINI S M T, RENELLA G, 2016. Risk assessment for sediment and stream water polluted by heavy metals released by a municipal solid waste composting plant[J]. Journal of Geochemical Exploration, 169: 202-210.

SHEN Z Y, QIU J L, HONG Q, et al., 2014. Simulation of spatial and temporal distributions of non-point source pollution load in the Three Gorges Reservoir Region[J]. Science of the Total Environment, 493: 138-146.

SHI Y Y, XU G H, WANG Y G, et al., 2017. Modelling hydrology and water quality processes in the Pengxi River basin of the Three Gorges Reservoir using the soil and water assessment tool[J]. Agricultural Water Management, 182: 24-38.

SIMPSON S L, BATLEY G E, 2007. Predicting metal toxicity in sediments: A critique of current approaches[J]. Integrated Environmental Assessment and Management, 3(1): 18-31.

SIMPSON S L, SPADARO D A, 2016. Bioavailability and chronic toxicity of metal sulfide minerals to benthic marine invertebrates: Implications for deep sea exploration, mining and tailings disposal[J]. Environmental Science and Technology, 50(7): 4061-4070.

SRINIVASAN R, ARNOLD J G, MUTTIAH R S, et al., 1998. Large area hydrologic modeling and assessment Part I: Model develepment[J]. Jawra Journal of the American Water Resources Association, 34(1): 73-89.

SULJEVIC D, SULEJMANOVIC J, FOCAK M, et al., 2021. Assessing hexavalent chromium tissue-specific accumulation patterns and induced physiological responses to probe chromium toxicity in Coturnix japonica quail[J]. Chemosphere, 266: 129005.

TANG W Z, SHAN B Q, ZHANG H, et al., 2010. Heavy metal sources and associated risk in response to agricultural intensification in the estuarine sediments of Chaohu Lake Valley, East China[J]. Journal of Hazardous Materials, 176(1-3): 945-951.

TESSIER A P, CAMPBELL P G C, BISSON M X, 1979. Sequential extraction procedure for the speciation of particulate trace metals[J]. Analytical Chemistry, 51(7): 844-851.

URE A M, QUEVAUVILLER P, MUNTAU H, et al., 1993. Speciation of heavy metals in soils and sediments. An account of the improvement and harmonization of extraction techniques undertaken under the auspices of the BCR of the Commission of the European Communities[J]. International Journal of Environmental Analytical Chemistry, 51(1-4): 135-151.

US EPA (U. S. ENVIRONMENTAL PROTECTION AGENCY), 1999. Integrated risk information system[Z]. Washington DC: National Center for Environmental Assessment, Office of Research and Development.

VU C T, LIN C, SHERN C C, et al., 2017. Contamination, ecological risk and source apportionment of heavy metals in sediments and water of a contaminated river in Taiwan[J]. Ecological Indicators, 82: 32-42.

WALLING D E, HE Q, WHELAN P A, 2003. Using 137Cs measurements to validate the application of the AGNPS and ANSWERS erosion and sediment yield models in two small Devon catchments[J]. Soil & Tillage Research, 69(1-2): 27-43.

WANG D D, SHI L Q, 2019. Source identification of mine water inrush: A discussion on the application of hydrochemical method[J]. Arabian Journal of Geosciences, 12(2): 58.

WANG S, CAI L M, WEN H H, et al., 2019. Spatial distribution and source apportionment of heavy metals in soil from a typical county-level city of Guangdong Province, China[J]. Science of the Total Environment, 655: 92-101.

WANG Y T, WANG W C, ZHOU Z Z, et al., 2021. Effect of fast restoration of aquatic vegetation on phytoplankton community after removal of purse seine culture in Huayanghe Lakes[J]. Science of The Total Environment, 768: 144024.

WANNIARACHCHI S S, WIJESEKERA N T S, 2012. Using SWMM as a tool for floodplain management in ungauged urban watershed[J]. Engineer: Journal of the Institution of Engineers, Sri Lanka, 45(1): 1-8.

WEI W, GAO Y N, HUANG J C, et al., 2020. Exploring the effect of basin land degradation on lake and reservoir water quality in China[J]. Journal of Cleaner Production, 268: 122249.

XIA F, ZHANG C, QU L Y, et al., 2020. A comprehensive analysis and source apportionment of metals in riverine sediments of a rural-urban watershed[J]. Journal of Hazardous Materials, 381: 121230.

YANG T T, XU Y M, HUANG Q Q, et al., 2021. Adsorption characteristics and the removal mechanism of two novel Fe-Zn composite modified biochar for Cd(II) in water[J]. Bioresource Technology, 333: 125078.

YANG Y N, XU W L, CHEN J Y, et al., 2018. Hydrochemical characteristics and groundwater quality assessment in the diluvial fan of Gaoqiao, Emei Mountain, China[J]. Sustainability, 10(12): 4507.

YIN X M, LU X G, XUE Z S, et al., 2012. Influence of land use change on water quality in Naoli River watershed, Northeast China[J]. Journal of Food Agriculture & Environment, 10(3-4): 1214-1218.

ZHANG D Y, ZHENG G C, ZHENG S F, et al., 2018. Assessing water quality of Nen River, the neighboring section of three provinces, using multivariate statistical analysis[J]. Journal of Water Supply Research and Technology-Aqua, 67(7): 779-789.

ZHANG F X, CUI S, GAO S, et al., 2020. Heavy metals exposure risk to Eurasian Spoonbill (*Platalea leucorodia*) in wetland ecosystem, Northeast China[J]. Ecological Engineering, 157: 105993.

ZHANG G L, BAI J H, XIAO R, et al., 2017. Heavy metal fractions and ecological risk assessment in sediments from urban, rural and reclamation-affected rivers of the Pearl River Estuary, China[J]. Chemosphere, 184: 278-288.

ZHANG N N, ZANG S Y, SUN Q Z, et al., 2014. Health risk assessment of heavy metals in the water environment of Zhalong wetland, China[J]. Ecotoxicology, 23(4): 518-526.

ZHANG Z X, LU Y, LI H P, et al., 2018. Assessment of heavy metal contamination, distribution and source identification in the sediments from the Zijiang River, China[J]. Science of the Total Environment, 645: 235-243.

ZHANG Z Y, KONG L L, ZHU L, 2012. Fate characteristics of nitrogen in runoff from a small agricultural watershed on the south of Huaihe River in China[J]. Environmental Earth Sciences, 66(3): 835-848.

ZHENG Z, ZHANG W Z, LUO X Z, et al., 2019. Design and application of plant ecological space technology in water eutrophication control[J]. Journal of Environmental Engineering, 145(3): 18142.

第2章 | 污染物分析处理与研究方法

　　工农业发展及城市化进程的不断加快致使大量污染物被排放至环境中，进入河沼系统的毒害污染物则会对水生生物的生存和繁衍构成潜在威胁，这就更加突出了区域水环境污染评估与风险识别的紧迫性和重要性。科学有效地对污染场地或区域进行评价并识别污染潜在风险，是保障区域生态安全和经济社会协调可持续发展的基础性工作。然而，环境介质中污染物处理与分析方法的有效性则会直接影响污染状况评价及污染物组分特征识别的准确性，这对于获取真实可靠的实验数据和评价结果具有重要意义。

　　目前，地表水水质评价方法主要有灰色聚类分析法、综合污染指数法、人工神经网络法、模糊综合评价法、投影寻踪模型和集对分析法等。其中，集对分析是我国学者赵克勤于 1989 年提出的一种在特定问题背景下，对所论两个集合所具有的特性进行同异反分析并加以度量刻画，深入探讨系统内部的联系，进行系统预测、控制、仿真、演化、突变等问题的研究（赵克勤，1994）。基于集对分析的水质评价是一种结构简单、计算与应用方便的水质定量评价方法，其结果较为客观合理（拜亚丽，2018）。重金属污染风险评价同样是当前湿地科学研究的热点之一，目前常见的重金属污染评价方法主要包括地累积指数（I_{geo}）（Müller，1969）、富集因子（EF）（Sakan et al.，2009）、Nemerow 污染指数（P_N）（Nemerow，1974）和潜在生态风险指数（RI）（Hakanson，1980）等基于重金属总量的评估手段，以及风险评价指数（RAC）（Perin et al.，1985）、比值法（重金属原生相和次生相的比值）（RSP）（Lin et al.，2014）、生物可利用度指数（BMI）（Rosado et al.，2015）等基于重金属形态的污染评价方法。针对重金属污染人体健康风险评估，大部分研究采用了 US EPA 所推荐的人体健康风险评估模型（张福祥等，2020），该模型主要将风险定义为污染物暴露剂量与预先确定的"安全"剂量的差异水平，并且该模型思路同样被应用在野生动物重金属暴露风险评估研究中（Zhang et al.，2020；Liang et al.，2016；Liu et al.，2015）。

尽管上述评价方法与模型已经得到广泛应用，但鉴于各评价方法自身的局限性，可能导致无法系统和全面地评估重金属的综合污染特征。为此，本书选择将几种评价方法联合使用，以达到相互补充和完善的目的。

2.1　样品预处理与仪器分析方法

1. 常规水质指标检测方法

本书共检测了 COD、NH_3-N、TN、TP、NO_2^-（亚硝酸盐）、NO_3^-（硝酸盐）、DO（溶解氧）等 7 项常规水质指标，其中 DO 于采样现场使用便携式溶氧仪进行测定，其他 6 种指标于实验室使用百灵达多参数水质分析仪（Palintest 7100）测定。

2. 重金属检测方法

水体和积雪样品的预处理方法参考《水和废水监测分析方法》（国家环境保护总局等，2002）并稍做改进。向 500mL 水样中加入硝酸 10mL，并置于电热板上加热浓缩至 10mL 左右（此过程保证烧杯内液体不沸腾），后将烧杯内样品转移至聚四氟乙烯消解罐中，加入一定比例的硝酸、盐酸、高氯酸和氢氟酸，于石墨消解仪加热消解，待消解罐内无白烟逸出且无明显颗粒物残留时取下消解罐，冷却至室温后定容至 50mL，并装入硝酸酸洗后的棕色瓶中保存，待测。

沉积物中重金属总量的处理分析方法参考标准《土壤质量　铅、镉的测定　石墨炉原子吸收分光光度法》（GB/T 17141—1997）、《土壤和沉积物　铜、锌、铅、镍、铬的测定　火焰原子吸收分光光度法》（HJ 491—2019）并稍做改进，沉积物样品冻干后去除植物根系及砾石等杂质并进行研磨，准确称取约 0.5g 细磨样品于聚四氟乙烯消解罐中，采用湿法消解法（硝酸+盐酸+高氯酸+氢氟酸）对样品进行消解处理，直至消解罐内出现澄清透明液体，且无白烟逸出，后定容 50mL。

为较为全面地反映湿地鱼类重金属的富集状况，各种鱼类的样品量均大于 10

条。鱼类样品冻干后用研磨机将整条样品磨碎，并准确称取 1.0g 细磨样品于聚四氟乙烯消解罐中，加入一定比例的硝酸、盐酸和高氯酸，室温条件下放置 5h 后开始升温加热消解，直至消解罐内液体澄清透明，后定容 50mL 备用。

沉积物中 Zn 和 Cr 的分级提取采用 Tessier 等（1979）提出的连续提取法并稍做改进，可交换态（F1）、碳酸盐结合态（F2）、铁锰氧化态（F3）、有机结合态（F4）和残渣态（F5）的具体提取步骤及相应试剂用量见表 2-1。

表 2-1　沉积物中重金属连续提取步骤

顺序	试样	试剂及用量	提取条件
F1	过 100 目尼龙筛的冻干沉积物样品 2g	16mL 浓度为 1mol/L 的 $MgCl_2$ 溶液（pH=7）	室温条件下，220r/min 振荡 1h，4000r/min 离心
F2	F1 级提取后残渣	16mL 浓度为 1mol/L 的 NaOAc 溶液（用 HOAc 溶液调至 pH=5）	室温条件下，220r/min 振荡 5h，4000r/min 离心
F3	F2 级提取后残渣	40mL 浓度为 0.04mol/L 的 $HONH_3Cl$ 溶液（用 25% 的 HOAc 溶液溶解）	(96±3)℃水浴提取 6h，间歇搅拌，水浴结束后振荡 30min，4000r/min 离心
F4	F3 级提取后残渣	先加入 6mL 浓度为 0.02mol/L 的 HNO_3 溶液和 30% 的 H_2O_2 溶液，85℃水浴提取 2h，再加入 6mL 浓度为 30% 的 H_2O_2，85℃水浴提取 3h，冷却后加入 10mL 浓度为 3.2mol/L 的 NH_4OAc 溶液（用 20% 的 HNO_3 溶液溶解），并加蒸馏水定容至 40mL	定容后 220r/min 振荡 30min，4000r/min 离心
F5	0.2g F4 级提取后残渣	$HCl+HNO_3+HClO_4+HF$	湿法消解

预处理后的样品使用 ICE 3500（Thermo Fisher Scientific，赛默飞世尔科技）原子吸收分光光度计进行重金属含量检测，其中火焰部分用于检测 Cu、Cr、Ni、Zn 含量，石墨炉部分用于 Cd、Pb 的含量检测（鱼类样品 Pb 含量未检测）。

为保证检测结果的准确性，实验过程中所有操作都经过严格的质量控制。实验所用的器皿均事先在 10% 的硝酸溶液中浸泡 24h，并在超声波清洗器中清洗，后用超纯水反复冲洗多次，实验试剂均为优级纯。样品处理的同时还进行了空白、标准和平行样品的制作（每 6 个样品制作 1 组），分别用于检验实验所用试剂的影响、回收率及检测精度。其标准样品回收率在 91%～105%，平行样本间标准偏差小于 5%。仪器分析时 6 种重金属元素所拟合的标准曲线相关系数均大于 0.995。

2.2　常规水质指标污染评价方法

2.2.1　熵权法

熵的本质是系统"内在的混乱程度"。在信息论中，熵值反映了信息的无序化程度，可以用信息熵来衡量所获取信息的有效性和确定权重（Li et al.，2016），可最大限度地减少对指标权重计算的人为干扰，从而得到更符合实际情况的评价结果，在水质评价中的应用非常广泛（Wang et al.，2019；刚什婷等，2018）。熵权法确定各水质指标权重的基本步骤如下。

首先，构建 m 个评价指标与 n 个评价对象的初始矩阵 $P=(r_{ij})_{mn}$（$i=1,2,\cdots,m$；$j=1,2,\cdots,n$），并基于最大隶属度原则，将上述初始矩阵进行标准化处理，效益型指标（越大越优型）和成本型指标（越小越优型）的标准化公式分别为

$$r_{ij} = \frac{x_k - x_{k\min}}{x_{k\max} - x_{k\min}} \text{（效益型）}, \qquad r_{ij} = \frac{x_{k\max} - x_k}{x_{k\max} - x_{k\min}} \text{（成本型）} \qquad (2\text{-}1)$$

式中，$x_{k\max}$ 和 $x_{k\min}$ 分别为同一评价指标下的最大值和最小值。

各个水质指标的信息熵值 H_t 计算公式如下：

$$H_t = \frac{-\sum_{j=1}^{n} f_{ij} \ln f_{ij}}{\ln n} \qquad (2\text{-}2)$$

式中，

$$f_{ij} = \frac{r_{ij}}{\sum_{j=1}^{n} r_{ij}} \qquad (2\text{-}3)$$

为使 $\ln f_{ij}$ 有意义，需对 f_{ij} 做出修正。通常假定当 $f_{ij} = 0$ 时，$f_{ij}\ln f_{ij} = 0$，当 $f_{ij} = 1$ 时，$\ln f_{ij} = 0$，因此修正后的 f_{ij} 可由公式（2-4）计算得出：

$$f_{ij} = \frac{1 + r_{ij}}{\sum\limits_{j=1}^{n}(1 + r_{ij})} \qquad\qquad (2\text{-}4)$$

根据公式（2-5）计算得出第 k 个评价指标的熵权：

$$\omega_k = \frac{1 - H_t}{n - \sum\limits_{k=1}^{n} H_t} \qquad\qquad (2\text{-}5)$$

各指标的熵权和应满足公式（2-6）：

$$\sum\limits_{k=1}^{n} \omega_k = 1 \qquad\qquad (2\text{-}6)$$

2.2.2　集对分析法

集对分析是一种修正的不确定性理论，它基于对立统一性和普遍联系，系统地分析对象的确定性-不确定性关系（赵克勤，1994）。集对分析的核心思想是将不确定性与确定性作为一个系统进行综合考察，即构建不确定系统中两个相关集的集对，分析集对的同一性、对立性和差异性，然后建立两个集之间的联系程度（黄显峰等，2019）。

将待评价的水质指标 $x_k(k=1, 2, \cdots, n)$ 记为集合 A_k，n 为评价指标数，选取 I 类和劣 V 类分别作为同一度和对立度，II 类、III 类、IV 类和 V 类作为差异度，水质分类准则依据《地表水环境质量标准》（GB 3838—2002）。评价标准构成的集合为 B，得到集对 $H(A_k,B)$，用六元联系数 μ_k 描述集对 $H(A_k,B)$ 的关系：

$$\mu_k = a_k + b_{k,1}i_1 + b_{k,2}i_2 + b_{k,3}i_3 + b_{k,4}i_4 + c_k j \qquad\qquad (2\text{-}7)$$

式中，a_k、$b_{k,1}$、$b_{k,2}$、$b_{k,3}$、$b_{k,4}$、c_k 分别表示指标 x_k 与评价标准 I 类、II 类、III 类、IV类、V 类和劣 V 类的联系程度。

一般情况下，评价指标分为越大越优的效益型（DO）和越小越优的成本型（COD、$NH_3\text{-}N$、TP、TN）。

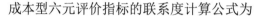
成本型六元评价指标的联系度计算公式为

$$\mu_1 = \begin{cases} 1 + 0i_1 + 0i_2 + 0i_3 + 0i_4 + 0j & (x_k < S_1) \\ \dfrac{S_1 + S_2 - 2x_k}{S_2 - S_1} + \dfrac{2(x_k - S_1)}{S_2 - S_1}i_1 + 0i_2 + 0i_3 + +0i_4 + 0j & \left(S_1 < x_k \leqslant \dfrac{S_1 + S_2}{2} \right) \\ 0 + \dfrac{S_2 + S_3 - 2x_k}{S_3 - S_1}i_1 + \dfrac{2x_k - S_1 - S_2}{S_3 - S_1}i_2 + 0i_3 + 0i_4 + 0j & \left(\dfrac{S_1 + S_2}{2} < x_k \leqslant \dfrac{S_2 + S_3}{2} \right) \\ 0 + 0i_1 + \dfrac{S_3 + S_4 - 2x_k}{S_4 - S_2}i_2 + \dfrac{2x_k - S_2 - S_3}{S_4 - S_2}i_3 + 0i_4 + 0j & \left(\dfrac{S_2 + S_3}{2} < x_k \leqslant \dfrac{S_3 + S_4}{2} \right) \\ 0 + 0i_1 + 0i_2 + \dfrac{S_3 + S_4 - 2x_k}{S_4 - S_2}i_3 + \dfrac{2x_k - S_2 - S_3}{S_4 - S_2}i_4 + 0j & \left(\dfrac{S_3 + S_4}{2} < x_k \leqslant \dfrac{S_4 + S_5}{2} \right) \\ 0 + 0i_1 + 0i_2 + 0i_3 + \dfrac{2(S_5 - x_k)}{S_5 - S_4}i_4 + \dfrac{2x_k - S_4 - S_5}{S_5 - S_4}j & \left(\dfrac{S_4 + S_5}{2} < x_k \leqslant S_5 \right) \\ 0 + 0i_1 + 0i_2 + 0i_3 + 0i_4 + 1j & (x_k > S_5) \end{cases}$$

（2-8）

效益型六元评价指标的联系度计算公式为

$$\mu_1 = \begin{cases} 1 + 0i_1 + 0i_2 + 0i_3 + 0i_4 + 0j & (x_k > S_1) \\ \dfrac{2x_k - S_1 - S_2}{S_2 - S_1} + \dfrac{2(S_1 - x_k)}{S_2 - S_1}i_1 + 0i_2 + 0i_3 + +0i_4 + 0j & \left(\dfrac{S_1 + S_2}{2} < x_k \leqslant S_1 \right) \\ 0 + \dfrac{2x_k - S_2 - S_3}{S_3 - S_1}i_1 + \dfrac{S_1 + S_2 - 2x_k}{S_3 - S_1}i_2 + 0i_3 + 0i_4 + 0j & \left(\dfrac{S_2 + S_3}{2} < x_k \leqslant \dfrac{S_1 + S_2}{2} \right) \\ 0 + 0i_1 + \dfrac{2x_k - S_3 - S_4}{S_4 - S_2}i_2 + \dfrac{S_2 + S_3 - 2x_k}{S_4 - S_2}i_3 + 0i_4 + 0j & \left(\dfrac{S_3 + S_4}{2} < x_k \leqslant \dfrac{S_2 + S_3}{2} \right) \\ 0 + 0i_1 + 0i_2 + \dfrac{2x_k - S_3 - S_4}{S_4 - S_2}i_3 + \dfrac{S_2 + S_3 - 2x_k}{S_4 - S_2}i_4 + 0j & \left(\dfrac{S_4 + S_5}{2} < x_k \leqslant \dfrac{S_3 + S_4}{2} \right) \\ 0 + 0i_1 + 0i_2 + 0i_3 + \dfrac{2(x_k - S_5)}{S_5 - S_4}i_4 + \dfrac{S_4 + S_5 - 2x_k}{S_5 - S_4}j & \left(S_5 < x_k \leqslant \dfrac{S_4 + S_5}{2} \right) \\ 0 + 0i_1 + 0i_2 + 0i_3 + 0i_4 + 1j & (x_k \leqslant S_5) \end{cases}$$

（2-9）

式中，S_1、S_2、S_3、S_4、S_5 为评价指标的阈值。集对 $H(A_k,B)$ 的综合联系度 $\mu_{A\text{-}B}$ 表示为

$$\mu_{A\text{-}B} = \sum_{k=1}^{5} \omega_k a_k + \sum_{k=1}^{5} \omega_k b_{k,1} i_1 + \sum_{k=1}^{5} \omega_k b_{k,2} i_2 + \sum_{k=1}^{5} \omega_k b_{k,3} i_3 + \sum_{k=1}^{5} \omega_k b_{k,4} i_4 + \sum_{k=1}^{5} \omega_k c_k j \quad （2\text{-}10）$$

式中，ω_k 为第 k 个评价指标的权重，采用置信度准则来判断评价对象的所属级别：

$$H_f = f_1 + f_2 + \cdots + f_l > \lambda \quad (l = 1,2,\cdots,6) \qquad （2\text{-}11）$$

其中，

$$f_1 = \sum_{k=1}^{5} \omega_k a_k; \; f_2 = \sum_{k=1}^{5} \omega_k b_{k,1}; \; f_3 = \sum_{k=1}^{5} \omega_k b_{k,2}; \; f_4 = \sum_{k=1}^{5} \omega_k b_{k,3}; \; f_5 = \sum_{k=1}^{5} \omega_k b_{k,4}; \; f_6 = \sum_{k=1}^{5} \omega_k c_k$$

λ 为置信度，通常取值范围为[0.50,0.70]。

2.2.3　判别分析法

判别分析法是一种利用多变量线性组合构造统计量的多元统计分析方法，常用的判别准则有贝叶斯（Bayes）准则和费希尔（Fisher）准则等。贝叶斯准则的基本思想是根据先验概率推求后验概率（Juahir et al.，2011），先验概率即用概率来描述事先对判别对象的认知程度，可作为所预测信息的已有经验，而后在先验概率的基础上，再随机抽取新样本，用以验证和修正先验概率，得出后验概率分布，通过后验概率推断各种统计信息。贝叶斯准则可由公式（2-12）表示：

$$P(G_i \mid x_0) = \frac{q_i f_i(x_0)}{\sum q_i f_i(x_0)} \qquad （2\text{-}12）$$

式中，G_i 为判别对象总体，$i=1,2,\cdots,15$；$f_i(x_0)$ 为 x_0 属于 G_i 类的概率密度函数；q_i 为 G_i 的先验概率；x_0 为样本。

典型判别分析等价于使用费希尔准则进行判别，假设从 k 个总体中抽取具有 p 个指标的样本数据，则判别函数表示为

$$Z = u_0 + u_1 X_1 + u_2 X_2 + \cdots + u_p X_p \qquad （2\text{-}13）$$

式中，u_0 为常数项；$u_1,u_2,\cdots,u_p$ 为典型判别函数系数。

判别变量在区分各类中的作用大小与其在判别函数中系数的绝对值大小有关，而各判别变量的单位会影响到其系数绝对值的大小，导致各系数绝对值的大小无可比性，因此评价各判别变量在分类中的作用大小需要使用标准化的典型判别函数系数。标准化典型判别函数系数绝对值越大，说明相应的判别变量在判别函数中起的作用越大，从而在区分水质等级时的作用越大。在贝叶斯判别中，将水质数据代入不同分类函数中所获最高得分者，再将该点分入相应的水质等级中。本书基于熵权集对分析法评价水质分类等级，使用典型判别分析和贝叶斯判别分析加以验证，并应用判别函数系数变化率揭示影响河沼系统水质的主要指标。

2.3　重金属污染评价方法

2.3.1　综合污染水质指数

综合污染水质指数（water quality index，WQI）可用于评价水生生态系统中多种污染物的综合污染等级（Mao et al.，2019a），并可提供单一污染物对水质污染的贡献率。WQI 的计算公式如下：

$$\mathrm{WQI} = \frac{1}{n}\sum_{i=1}^{n} P_i = \frac{1}{n}\sum_{i=1}^{n}\frac{C_w^i}{S_i} \tag{2-14}$$

式中，P_i 为重金属元素 i 的单因子污染指数；C_w^i 为水体中重金属元素 i 的检测浓度，$\mu g/L$；S_i 为水体中重金属元素 i 的最高允许值，$\mu g/L$。本书选取《地表水环境质量标准》（GB 3838—2002）Ⅰ类水质标准作为相应的最高允许限值。WQI 和 P_i 的等级分类标准见表 2-2。

表 2-2　重金属污染等级分类标准

WQI	P_i	污染等级
WQI < 1	$P_i < 1$	清洁
1 ≤ WQI < 2	$1 \leqslant P_i < 2$	低污染
2 ≤ WQI < 3	$2 \leqslant P_i < 3$	中等污染
WQI ≥ 3	$P_i \geqslant 3$	高污染

2.3.2　地累积指数

地累积指数（I_{geo}）是由 Müller（1969）提出，目前已广泛应用于沉积物重金属污染等级的评估，其计算公式如下：

$$I_{geo} = \log_2 \frac{C_s^i}{1.5B_i} \qquad (2\text{-}15)$$

式中，C_s^i 为沉积物中重金属元素 i 的检测浓度，mg/kg；B_i 为相应的地球化学背景值，本书选取黑龙江省土壤背景值作为参考值（中国环境监测总站，1990），mg/kg；不确定性因子"1.5"用于考虑重金属背景值的可能变化。当 $I_{geo} < 0$ 时，无污染；当 $0 \leqslant I_{geo} < 1$，低污染；当 $1 \leqslant I_{geo} < 2$ 时，中等污染；当 $2 \leqslant I_{geo} < 3$ 时，中等至高污染；当 $3 \leqslant I_{geo} < 4$ 时，高污染；当 $4 \leqslant I_{geo} < 5$ 时，高至严重污染；当 $I_{geo} \geqslant 5$ 时，严重污染。

2.3.3　富集因子

富集因子（EF）通过计算环境中重金属的标准化含量与相应的标准化环境背景值的比值，削弱了重金属土壤母质输入的影响，可有效区分重金属污染的人为来源和自然来源，常用于评估土壤或沉积物环境质量受人为活动的影响程度（Sakan et al.，2009）：

$$EF = \left(C_s^i / E_S \right) / \left(B_i / E_B \right) \qquad (2\text{-}16)$$

式中，C_s^i 和 B_i 指标含义同 2.3.2 小节；E_S 为沉积物样品中标准化元素的检测浓度，mg/kg；E_B 为标准化元素的环境背景值，mg/kg。Fe、Al 和 Mn 等元素常用作标准化元素（Mao et al.，2019b），为此，测定了表层沉积物样品中 Fe 和 Mn 的含量水平，并计算了 Fe、Mn 含量的变异系数，分别为 0.16 和 0.10，因此选取 Mn 作为标准化元素。当 EF < 1.5 时，无污染；当 $1.5 \leqslant$ EF < 3，低污染；当 $3 \leqslant$ EF < 5 时，中等污染；当 $5 \leqslant$ EF < 10 时，高污染；当 EF $\geqslant$ 10 时，严重污染。

2.3.4　改进的 Nemerow 污染指数

单因子污染指数（P_i）适用于评估沉积物受单一污染物的污染程度，可用于识别研究区域内的主控污染因子。重金属单因子污染指数计算如下：

$$P_i = C_s^i / B_i \tag{2-17}$$

式中，C_s^i 和 B_i 含义同 2.3.2 小节。

Nemerow 污染指数由 Nemerow 于 1974 年提出，常作为评估重金属综合污染等级的主流方法。但该方法过于强调最大污染因子对沉积物环境质量的影响，这主要是由于该方法忽略了重金属的毒性差异及相对重要性（Deng et al.，2012），因此通过引入权重因子来修正 Nemerow 污染指数。

本书参考 Deng 等（2012）的方法计算得出了各重金属元素的综合权重。简言之，综合权重源于各重金属元素的相对重要性（$R_r^i = C_{max}^i / C_{ref}^i$）和相对毒性（$R_t^i = T_{max}^i / T_{ref}^i$）。其中，$C_{max}^i$ 和 T_{max}^i 分别为目标重金属元素 i 的最大环境背景值和毒性反应系数值，T_{ref}^i 为重金属元素 i 的毒性反应系数（表 2-3），C_{ref}^i 为重金属元素 i 在水体或沉积物中的参考限值（Islam et al.，2015；Hakanson，1980）。综合权重（w_i）的计算公式如下：

$$w_i = \frac{R_r^i}{2\sum_{i=1}^{n} R_r^i} + \frac{R_t^i}{2\sum_{i=1}^{n} R_t^i} \tag{2-18}$$

表 2-3　各元素毒性反应系数

元素	毒性反应系数
Cd	30
Cu	5
Ni	5
Pb	5
Cr	2
Zn	1

传统的 Nemerow 污染指数（P_N）和改进的 Nemerow 污染指数（P_N'）的计算公式如下：

$$P_N = \sqrt{\frac{P_{iave}^2 + P_{imax}^2}{2}} \tag{2-19}$$

$$P'_{N} = \sqrt{\frac{P_{i\text{ave}}^2 + P_{iw_i\text{max}}^2}{2}} \qquad (2\text{-}20)$$

式中，$P_{i\text{ave}}$ 和 $P_{i\text{max}}$ 分别为重金属元素 i 单因子污染指数的平均值和最大值；$P_{iw_i\text{max}}$ 为综合权重最大的重金属元素 i 的单因子污染指数。Nemerow 污染指数评价标准见表 2-4。

表 2-4　Nemerow 污染指数评价标准

P_i	Nemerow 污染指数		污染等级
	传统的	改进的	
$P_i \leqslant 1$	$P_N \leqslant 1$	$P'_N \leqslant 1$	清洁
$1 < P_i \leqslant 2$	$1 < P_N \leqslant 2.5$	$1 < P'_N \leqslant 2.6$	低污染
$2 < P_i \leqslant 3$	$2.5 < P_N \leqslant 7$	$2.6 < P'_N \leqslant 6.4$	中等污染
$P_i > 3$	$P_N > 7$	$P'_N > 6.4$	高污染

2.3.5　潜在生态风险指数

潜在生态风险指数（RI）由 Hakanson（1980）提出，综合考虑了污染物的生物毒性以及污染物浓度与背景值的差异程度，可用于评估一种或多种生态因素的潜在风险。RI 的分级标准考虑了 PCBs、Hg、Cd、As、Pb、Cu、Cr 和 Cd 8 种污染物的综合生态风险，即污染物毒性越强、污染物种类越多 RI 值越高。而本书仅考虑了其中 6 种重金属元素，因此本书参考了 Chen 等（2018）的研究成果，对RI 的分级标准进行了调整。其计算公式为

$$\text{RI} = \sum_{i=1}^{m} E_r^i \qquad (2\text{-}21)$$

$$E_r^i = T_{\text{ref}}^i \times P_i \qquad (2\text{-}22)$$

式中，E_r^i 为元素 i 的单因子潜在生态风险指数；T_{ref}^i 为元素 i 的毒性反应系数（Islam et al.，2015；Hakanson，1980）（表 2-3）；P_i 为重金属单因子污染指数。元素 i 的单因子潜在生态风险指数（E_r^i）和潜在生态风险指数（RI）的等级划分标准见表 2-5。

表 2-5　E_r^i 和 RI 的等级划分标准

E_r^i	RI	潜在生态风险等级
$E_r^i < 40$	RI < 55	低风险
$40 \leqslant E_r^i < 80$	$55 \leqslant RI < 110$	中风险
$80 \leqslant E_r^i \leqslant 160$	$110 \leqslant RI < 220$	高风险
$160 \leqslant E_r^i < 320$	$RI \geqslant 220$	极高风险
$E_r^i \geqslant 320$		严重风险

2.4　生物富集评价方法

2.4.1　重金属风险指数

鉴于七星河湿地是众多水生生物的栖息和繁殖基地，因此本书选用加拿大环境部长理事会制定的水生生物允许限值（CCME，2007）和沉积物质量指南（CCME，1999）分别作为水体和沉积物中重金属含量的参考限值，利用单因子污染风险指数（contamination factor，CF）和综合污染风险指数（pollution load index，PLI）评估重金属对水生生物的潜在危害（Mamut et al.，2017）：

$$CF = \frac{C_i}{C_{ref}^i} \tag{2-23}$$

$$PLI = (CF_1 \times CF_2 \times CF_3 \times \cdots \times CF_n)^{\frac{1}{n}} \tag{2-24}$$

式中，C_i 为水体或沉积物中重金属元素 i 的浓度，mg/L 或 mg/kg；C_{ref}^i 为重金属元素 i 在水体或沉积物中的参考限值，mg/L 或 mg/kg；n 为目标重金属的种类数。CF 和 PLI 的分级标准见表 2-6。

表 2-6　CF 和 PLI 等级标准

CF	PLI	风险等级
CF < 1	PLI < 1	低风险
$1 \leqslant CF < 2$	$1 \leqslant PLI < 2$	中等风险
$2 \leqslant CF < 3$	$2 \leqslant PLI < 5$	高风险
$CF \geqslant 3$	$PLI \geqslant 5$	严重风险

2.4.2　生物富集因子

本书选择生物-水体富集因子（bio-water accumulation factor，BWAF）和生物-沉积物富集因子（bio-sediment accumulation factor，BSAF）分别评估湿地鱼类对水体和沉积物中重金属的富集水平，BWAF 和 BSAF 的计算公式如下：

$$\text{BWAF} = \frac{E_f}{C_w} \tag{2-25}$$

$$\text{BSAF} = \frac{E_f}{C_s} \tag{2-26}$$

式中，E_f 为鱼类重金属浓度，mg/kg；C_w 为水体中重金属浓度，mg/L；C_s 为沉积物中重金属浓度，mg/kg。重金属生物富集程度的分级标准见表 2-7。

表 2-7　重金属生物富集程度的分级标准

BWAF	BSAF	富集程度
BWAF < 1000	BSAF < 1	低富集
1000 ≤ BWAF < 5000	1 ≤ BSAF < 2	中等富集
BWAF ≥ 5000	BSAF ≥ 2	高富集

2.5　人体健康风险评估模型

本书选取由 US EPA 所建立的目标危害熵（target hazard quotients，THQ）和危害指数（hazard index，HI）来评估人体健康风险，该方法主要以重金属的暴露剂量与耐受剂量的比值为评价标准，计算公式如下：

$$\text{EDI} = \frac{\text{IRd} \times C_f}{\text{BW}} \tag{2-27}$$

式中，EDI 是重金属的日摄入剂量；C_f 是鱼类重金属浓度；IRd 为《中国居民膳食指南》中推荐的鱼肉平均摄入剂量（中国营养学会，2016）；BW 为成年人的平均体重（Fu et al.，2019）。

$$\text{THQ} = \frac{\text{EDI}}{\text{RfD}} \times 10^{-3} = \frac{\text{IRd} \times C_f}{\text{RfD} \times \text{BW}} \times 10^{-3} \qquad (2\text{-}28)$$

式中，RfD 为 US EPA 提供的参考日摄入剂量。当 THQ ≥ 1 时，代表可能存在健康风险，而 THQ < 1 时，则认为无不良健康影响。

$$\text{HI} = \sum_{i=1}^{n} \text{THQ}_i \qquad (2\text{-}29)$$

式中，THQ_i 为重金属元素 i 的危害熵；n 为目标重金属的数量。

此外，目前已有大量研究证实了 Cd 的摄入具有致癌效应（Zhang et al.，2017；US EPA，1999），因此有必要对 Cd 的癌症风险进行评估。癌症风险指数（cancer risk，CR）可由公式（2-30）计算得出：

$$\text{CR} = \text{EDI} \times \text{CSF} \qquad (2\text{-}30)$$

式中，CSF 为 US EPA 提供的癌症斜率因子。当 CR > 10^{-5} 时，将会存在癌症风险（Ahmed et al.，2019）。

2.6 湿地候鸟重金属暴露风险评价

2.6.1 单一重金属元素暴露风险指数

《野生动物毒性基准》（Sample et al.，1996）的公布，使得鸟类重金属暴露风险评估模型的建立成为可能（Liang et al.，2016）。通常野生动物暴露风险评估仅考虑污染物经口摄入途径，忽略皮肤接触及呼吸吸入。本书以七星河湿地重点保护的夏候鸟——白琵鹭为研究对象，以评估白琵鹭重金属经口摄入途径的暴露风险。此外，七星河湿地地处我国东北部，冬季寒冷干燥，水面结冰甚至形成"连底冻"，因此湿地内部的积雪便成为鸟类在冬季的主要饮用水来源，因此我们选择环颈雉（*Phasianus colchicus*）和短耳鸮（*Asio flammeus*）两种湿地常见的冬候鸟作为湿地冬季重金属暴露风险评估的研究对象。基于体外测试的、定量的重金属对候鸟的暴露风险可以通过以下公式计算（Liu et al.，2015）：

$$I_{\text{df}} = 0.648 \text{BW}^{0.651} \qquad (2\text{-}31)$$

式中，I_{df} 为食物摄取率，g/d（干重），食物摄取率由异速生长回归模型预测（Nagy，1987）；BW 为候鸟体重，g，湿地候鸟体重可由逻辑斯谛模型预测（柳劲松等，2003）。

$$I_w = 59\text{BW}^{0.67} \tag{2-32}$$

式中，I_w 为水体摄取率，mL/d，水体摄取率由异速生长模型预测（Calder et al.，1983）；BW 单位取 kg。环颈雉和短耳鸮冬季饮水由积雪代替。

$$I_s = P_s \times I_{df} \tag{2-33}$$

式中，I_s 为沉积物摄取率，g/d；P_s 为沉积物所占食物的百分比，选取西方滨鹬（*Calidris mauri*）的沉积物摄取率（18%）作为白琵鹭的沉积物摄取率（Beyer et al.，1994）。

$$I_f = (I_{df} - I_s - I_w) \times P_f \tag{2-34}$$

式中，I_f 为食物摄入率，g/d，取白琵鹭主要的捕食对象（野生鱼类）计算摄食暴露风险，野生鱼类占白琵鹭食物组成比例 P_f 取 87.4%（柳劲松等，2003）。

重金属经口暴露剂量可由公式（2-35）计算得出[69]：

$$E_j = \sum_{i=1}^{m} (I_i \times C_{ij}) / \text{BW} \tag{2-35}$$

式中，E_j 为重金属元素 j 的经口暴露剂量，mg/（kg·d）；m 为目标重金属的数量；I_i 为第 i 种环境介质的摄入量，g/d 或 mL/d；C_{ij} 是重金属元素 j 在第 i 种环境介质中的浓度，mg/kg 或 mg/L。

湿地候鸟重金属的暴露风险可通过比较重金属的日摄入量和日耐受剂量（tolerable daily intake，TDI）得出。TDI 可由公式（2-36）计算（CCME，1998）。

$$\text{TDI}_j = \frac{(\text{LOAEL}_j \times \text{NOAEL}_j)^{0.5}}{\text{UF}} \tag{2-36}$$

式中，TDI_j 为鸟类对重金属元素 j 的日耐受剂量；LOAEL_j 为可观测到不良反应的重金属元素 j 的最低剂量水平，mg/（kg·d）；NOAEL_j 为没有发生可观测不良反应的重金属元素 j 的剂量水平，mg/（kg·d）（Sample et al.，1996）；UF 为不确定因子，当外推长期暴露浓度而不受影响时，取值不得小于 10，同时根据数据的类型、数量以及特点等因素，其取值可能大于 10，这里我们选取 UF=10，以评估一个较为保守的 TDI 值（CCME，1998）。各重金属元素的 LOAEL、NOAEL 和 TDI 值见表 2-8。

表 2-8 各重金属元素的 LOAEL、NOAEL 和 TDI 值

重金属元素	LOAEL	NOAEL	TDI
Cu	61.70	47.00	5.39
Ni	107.00	77.40	9.10
Cr	5.00	1.00	0.22
Cd	20.00	1.45	0.54
Pb	11.30	1.13	0.36
Zn	131.00	14.50	4.36

参考人体健康风险评估模型，可引入危害熵来评估鸟类重金属的暴露风险：

$$HQ_j = \frac{E_j}{TDI_j} \tag{2-37}$$

式中，HQ_j 为重金属元素 j 的危害熵。当 $HQ_j < 1.00$ 时，无风险；当 $1.00 \leqslant HQ_j < 2.00$ 时，低风险；当 $2.00 \leqslant HQ_j < 3.00$ 时，中等风险；当 $HQ_j \geqslant 3.00$ 时，高风险。

2.6.2 重金属综合暴露风险指数

虽然暴露于风险阈值下的单一污染物不会对鸟类产生严重影响，但同时暴露于风险阈值下的多种污染物或有任何一种污染物质超过阈值时都可能导致不利影响（Liang et al.，2016）。因此，我们参考 Nemerow（1974）所提出的综合污染指数法，建立了一套用于评估同时暴露于多种重金属污染环境中的综合暴露风险指数法。该方法兼顾考虑了最大危害熵和平均危害熵的影响，并根据 LOAEL 和 NOAEL 以及加拿大环境部长理事会所提出的污染物日耐受剂量的计算方法，分别确定了各种重金属元素最安全的日耐受剂量和最危险的日耐受剂量，进而确定各风险等级的阈值。综合暴露风险指数可由公式（2-38）计算得出。

$$HI_i = \sqrt{\frac{(HQ_j)^2_{ave} + (HQ_j)^2_{max}}{2}}$$ （2-38）

式中，HI_i 为采样点 i 处的重金属综合暴露风险指数；$(HQ_j)_{max}$ 为采样点 i 处危害熵的最大值；$(HQ_j)_{ave}$ 为采样点 i 处危害熵的平均值。当 $HI < 0.72$ 时，无风险；当 $0.72 \leqslant HI < 1.00$ 时，低风险；当 $1.00 \leqslant HI < 3.13$ 时，中等风险；当 $HI \geqslant 3.13$ 时，高风险。

2.7 数据处理方法

统计分析工作由 IBM SPSS 20.0 执行。差异性检验前，使用 K-S（Kolmogorov-Smirnov，科尔莫戈罗夫-斯米尔诺夫）检验分析数据是否服从正态分布。对于服从正态分布的数据，使用单因素方差分析、单样本 T 检验或独立样本 T 检验分析样本间污染物浓度的差异程度，以及分析污染物含量与各类标准限值间的差异程度；而对于非正态分布的数据，使用非参数检验分析样本间污染物含量差异程度。皮尔逊（Pearson）相关分析用于分析污染物间的相关关系。采样点分布图与农田-河沼系统污染物空间分布图由 ArcGIS 10.2 绘制。

参 考 文 献

拜亚丽, 2018. 基于熵权的集对分析法在水环境质量评价中的应用[J]. 地下水, 40(5): 70-72, 195.

刚什婷, 贾涛, 邓英尔, 等, 2018. 基于熵权法的集对分析模型在蛤蟆通流域地下水水质评价中的应用[J]. 长江科学院院报, 35(9): 23-27.

黄显峰, 李宛谕, 方国华, 等, 2019. 基于 SPA 和云理论的水资源承载能力评价研究[J]. 华北水利水电学院学报(自然科学版), 40(1): 9-15, 63.

柳劲松, 王德华, 孙儒泳, 2003. 白琵鹭雏鸟的生长和恒温能力的发育[J]. 动物学研究(4): 249-253.

国家环境保护总局,水和废水监测分析方法编委会, 2002. 水和废水监测分析方法[M]. 4 版. 北京: 中国环境科学出版社.

张福祥, 崔嵩, 朱乾德, 等, 2020. 七星河湿地水环境重金属污染特征与风险评价[J]. 环境工程, 38(10): 68-75.

赵克勤, 1994. 集对分析及其初步应用[J]. 大自然探索(1): 67-72.

中国环境监测总站, 1990. 中国土壤元素背景值[M]. 北京: 中国环境科学出版社.

中国营养学会, 2016. 中国居民膳食指南[M]. 北京: 人民卫生出版社.

AHMED A S S, RAHMAN M, SULTANA S, et al., 2019. Bioaccumulation and heavy metal concentration in tissues of some commercial fishes from the Meghna River Estuary in Bangladesh and human health implications[J]. Marine Pollution Bulletin, 145: 436-447.

BEYER W N, CONNOR E E, GEROULD S, 1994. Estimates of soil ingestion by wildlife[J]. Journal of Wildlife Management, 58(2): 375-382.

CALDER W A, BRAUN E J, 1983. Scaling of osmotic regulation in mammals and birds[J]. American Journal of Physiology, 244(5): R601-606.

CANADIAN COUNCIL OF MINISTERS OF THE ENVIRONMENT(CCME), 1998. Protocol for the derivation of Canadian tissue residue guidelines for the protection of wildlife that consume aquatic biota[R]. Winnipeg, Canada: Canadian Council of Ministers of the Environment.

CANADIAN COUNCIL OF MINISTERS OF THE ENVIRONMENT(CCME), 1999. Canadian sediment quality guidelines for the protection of aquatic life:Lead[R]. Winnipeg，Canada: Canadian Council of Ministers of the Environment.

CANADIAN COUNCIL OF MINISTERS OF THE ENVIRONMENT(CCME), 2007. Canadian water quality guidelines for the protection of aquatic life: Summary table[R]. Winnipeg, Canada: Canadian Council of Ministers of the Environment.

CHEN Y X, JIANG X S, WANG Y, et al., 2018. Spatial characteristics of heavy metal pollution and the potential ecological risk of a typical mining area: A case study in China[J]. Process Safety and Environmental Protection, 113: 204-219.

DENG H G, GU T F, LI M H, et al., 2012. Comprehensive assessment model on heavy metal pollution in soil[J]. International Journal of Electrochemical Science, 7(6): 5286-5296.

FU L, LU X B, NIU K，et al., 2019. Bioaccumulation and human health implications of essential and toxic metals in freshwater products of Northeast China [J]. Science of the Total Environment, 673: 768-776.

HAKANSON L, 1980. An ecological risk index for aquatic pollution control. A sediment logical approach[J]. Water Research, 14(8): 975-1001.

ISLAM M S, AHMED M K, RAKNUZZAMAN M, et al., 2015. Heavy metal pollution in surface water and sediment: A preliminary assessment of an urban river in a developing country[J]. Ecological Indicators, 48: 282-291.

JUAHIR H, ZAIN S M, YUSOFF M K, et al., 2011. Spatial water quality assessment of Langat River Basin (Malaysia) using environmetric techniques[J]. Environmental Monitoring and Assessment, 173(1-4): 625-641.

LI C H, SUN L, JIA J X, et al., 2016. Risk assessment of water pollution sources based on an integrated k-means clustering and set pair analysis method in the region of Shiyan, China[J]. Science of the Total Environment, 557: 307-316.

LIANG J, LIU J Y, YUAN X Z, et al., 2016. A method for heavy metal exposure risk assessment to migratory herbivorous birds and identification of priority pollutants/areas in wetlands[J]. Environmental Science and Pollution Research, 23(12): 11806-11813.

LIN C, LIU Y, LI W Q, et al., 2014. Speciation, distribution, and potential ecological risk assessment of heavy metals in Xiamen Bay surface sediment[J]. Acta Oceanologica Sinica, 33(4): 13-21.

LIU J Y, LIANG J, YUAN X Z, et al., 2015. An integrated model for assessing heavy metal exposure risk to migratory birds in wetland ecosystem: A case study in Dongting Lake Wetland, China[J]. Chemosphere, 135: 14-19.

MAMUT A, EZIZ M, MOHAMMAD A, et al., 2017. The spatial distribution, contamination, and ecological risk assessment of heavy metals of farmland soils in Karashahar-Baghrash oasis, Northwest China[J]. Human and Ecological Risk Assessment, 23(5-6): 1300-1314.

MAO G X, ZHAO Y S, ZHANG F R, et al., 2019a. Spatiotemporal variability of heavy metals and identification of potential source tracers in the surface water of the Lhasa River basin[J]. Environmental Science and Pollution Research, 26(8): 7442-7452.

MAO L C, YE H, LI F P, et al., 2019b. Enrichment assessment of Sb and trace metals in sediments with significant variability of background concentration in detailed scale[J]. Environmental Science and Pollution Research, 26(3): 2794-2805.

MÜLLER G, 1969. Index of Geoaccumulation in sediments of the Rhine River[J]. GeoJournal, 2(3): 109-118.

NAGY K A, 1987. Field metabolic rate and food requirement scaling in mammals and birds[J]. Ecological Monographs, 57(2): 111-128.

NEMEROW N L C, 1974. Scientific stream pollution analysis[M]. Washington: Scripta Book Company.

PERIN G, CRABOLEDDA L, LUCCHESE M, et al., 1985. Heavy metal speciation in the sediments of Northern Adriatic Sea. A new approach for environmental toxicity determination[C]//International Conference "Heavy Metals in the Environment": 454-456.

ROSADO D, USERO J, MORILLO J, 2015. Application of a new integrated sediment quality assessment method to Huelva estuary and its littoral of influence (Southwestern Spain)[J]. Marine Pollution Bulletin, 98(1-2): 106-114.

SAKAN S M, OREVIC D S, MANOJLOVIC D D, et al., 2009. Assessment of heavy metal pollutants accumulation in the Tisza river sediments[J]. Journal of Environmental Management, 90(11): 3382-3390.

SAMPLE B E, OPRESKO D M, SUTER G W, 1996. Toxicological Benchmarks for Wildlife: 1996 Revision[M]. Oak Ridge: Oak Ridge National Laboratory.

TESSIER A P, CAMPBELL P G C, BISSON M X, 1979. Sequential extraction procedure for the speciation of particulate trace metals[J]. Analytical Chemistry, 51(7): 844-851.

US EPA (U. S. ENVIRONMENTAL PROTECTION AGENCY), 1999. Integrated risk information system (IRIS)[Z]. Washington DC, USA: National Center for Environmental Assessment, Office of Research and Development.

WANG Y M, RAN W J, 2019. Comprehensive eutrophication assessment based on fuzzy matter element model and Monte Carlo-triangular fuzzy numbers approach[J]. International Journal of Environmental Research and Public Health, 16(10): 1769.

ZHANG F X, CUI S, GAO S, et al., 2020. Heavy metals exposure risk to Eurasian Spoonbill (*Platalea leucorodia*) in wetland ecosystem, Northeast China[J]. Ecological Engineering, 157: 105993.

ZHANG G L, BAI J H, XIAO R, et al., 2017. Heavy metal fractions and ecological risk assessment in sediments from urban, rural and reclamation-affected rivers of the Pearl River Estuary, China[J]. Chemosphere, 184: 278-288.

第二篇

生态环境效应

第3章 河沼系统水质等级评价与影响因素分析

河沼系统是陆地生态系统和水生生态系统间的交错地带,不仅为珍稀候鸟水禽提供了繁衍生息的场所,同时在洪涝灾害防治、水源涵养、污染物净化和生物多样性维持等方面发挥了重要作用(Desta et al., 2012)。良好的环境质量为生态系统安全提供了重要生态服务功能,同时也为水-陆生态系统健康可持续发展提供了保障。然而,在"以粮为纲"发展模式的驱动下,三江平原经历了 5 次大规模农垦开发高潮(刘东等,2011),导致了农药和化肥的过量施用,并随着农田退水被有意或无意地排放至地表水环境中,其携带的污染物质严重威胁到区域水生态环境健康发展。水质综合污染等级评价是识别水质污染程度与防控的基础性工作,本章所涉及的常规水质指标主要包括 DO、NH_3-N、COD、TP、TN、NO_2^- 和 NO_3^-。其中,DO 的浓度对鱼类生存至关重要,并影响水体的硝化反应,与水体的自净能力密切相关(Guillon et al., 2019)。NH_3-N 是指以游离氨(NH_3)和铵根离子(NH_4^+)形式存在的氮,也是水中主要的耗氧物质。COD 是反映水体中有机物氧化程度的重要指标(Cai et al., 2018),也是维系河沼系统良好水质的重要条件之一。COD 含量过高会导致水生生物缺氧甚至死亡,目前我国地表水有机污染现象较为普遍,2015 年全国废水中 COD 的排放量达 2000 万 t(张永,2017)。TN 与 TP 是反映水体富营养化程度的重要指标。其中,TN 是水体中 NH_3-N、NO_2^-、NO_3^- 等无机氮,以及蛋白质和氨基酸等有机氮的总量,其含量增加会导致水体中浮游生物和藻类的大量繁殖,严重威胁水生生态平衡;TP 是指水体中有机磷和无机磷的总量,过量的磷同样会导致藻类过度生长,形成水华或赤潮。因此,科学有效地识别造成水体污染的主控因子,对于区域水环境污染的精准防治、降低污染监测与治理成本至关重要。

3.1 样品采集

七星河湿地共布设 15 个采样点采集水体样品（图 3-1），其中 S1～S9 位于湿地实验区内部，S10～S15 位于缓冲区边缘。由于核心区内含有受保护的水禽筑巢地点以及茂密的水生植物，因此采样受到限制。每个采样点均在水深 50cm 处采集水样 2L，如水深小于 50cm，则在水深的一半处取样。采样前使用去离子水反复冲洗样品瓶，然后将所采集的样品在避光条件下运送至实验室。

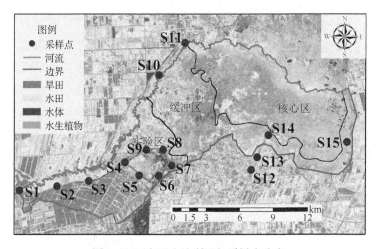

图 3-1　研究区土地利用与采样点分布

3.2 常规水质指标浓度

本书根据《地表水环境质量标准》（GB 3838—2002）对七星河湿地水质等级进行分类评价。DO 浓度为 4.64～9.98mg/L（均值为 7.24mg/L），介于 I 类和 II 类水质标准限值之间；COD 浓度为 5～50mg/L（均值为 21.67mg/L），接近 III 类水质标准；NH$_3$-N 浓度为 0.41～2.15mg/L（均值为 1.09mg/L），介于 III 类和 IV 类水质标准限值之间；TP 浓度为 0.10～0.73mg/L（均值为 0.18mg/L），介于 II 类和 III 类水质标准限值之间；TN 浓度为 0.760～2.17mg/L（均值为 1.38mg/L），介于 III 类和 IV 类水质标准限值之间；NO$_2^-$ 浓度为未检出至 0.030mg/L（均值为 0.016mg/L）；NO$_3^-$ 浓度为 0.315～0.613mg/L（均值为 0.420mg/L）。

由表 3-1 可知，与国内外部分拉姆萨尔国际重要湿地相比（Wan et al.，2018；Asha et al.，2016；Kumar et al.，2016；Nonterah et al.，2015），七星河湿地 DO 浓度偏高，表明七星河湿地目前无厌氧风险。监测结果表明，七星河湿地 33%的采样点可同时检测到三类含氮指标，其中 NH_3-N 浓度普遍高于 NO_3^- 和 NO_2^-，占 TN 组成的 74%，表明七星河湿地无机氮污染占主导地位。七星河湿地 TP 浓度相对较高，根据美国佛蒙特州环境保护部（VDEC，1990）的研究结果，为避免地表水富营养化，TP 最高允许浓度为 0.025mg/L，因此需要警惕 TP 浓度超标可能带来的富营养化风险。与三江平原的挠力河湿地（Yu et al.，2019）和黑龙江富锦国家湿地公园（Li et al.，2018）等农业区湿地相比，七星河湿地 TN 浓度相对较低，但明显高于表 3-1 中所列举的其他拉姆萨尔国际重要湿地。据报道，挠力河湿地和黑龙江富锦国家湿地公园的 TN 浓度超出 V 类水质标准 3 倍，表明其与周边农田存在一定的物质交换行为，因此推断 TN 浓度超标可能是三江平原湿地普遍存在的问题。

表 3-1　国内外部分拉姆萨尔国际重要湿地常规水体污染物浓度　　　单位：mg/L

湿地	COD	DO	NH_3-N	TN	TP	NO_3^-	NO_2^-	参考文献
Everglades National Park，美国		4.28	<0.1	1.176	0.0137			Wan et al.，2018
Sakumo wetland，南非加纳		5.61	0.86			0.43		Nonterah et al.，2015
Vembanad wetland，印度		7.78	0.073	0.102		0.026	0.0036	Asha et al.，2016
Beas river，印度		5.35				0.92		Kumar et al.，2016
黑龙江富锦国家湿地公园，中国	6.25	7.35	0.29	6.83	0.07			Li et al.，2018
黑龙江挠力河国家级自然保护区，中国				6.22				Yu et al.，2019
黑龙江宝清七星河国家级自然保护区，中国	21.67	7.24	1.09	1.38	0.18	0.420	0.016	本书

3.3　常规水质指标空间分布特征

受核心区样品采集的限制，本章仅分析了实验区与缓冲区常规水质指标的空间分布情况。缓冲区 NH_3-N 与 TN 浓度分别低于实验区的 40%和 25%。TP、NO_2^- 和 NO_3^- 的平均浓度在区域内变化较小（表 3-2）。实验区的污染物水平较高主要与区域内 25%的土地为农业种植区有关，并且在缓冲区内有大面积芦苇分布，而水生植物的生长吸收对水体中氮磷的去除效果明显（Gao et al., 2009）。除水生植物的广泛分布外，缓冲区沼泽和明水面（相对于农田）的分布也有所增加。相关研究表明，永久淹水面的面积与氮磷的有效去除率成正比（Vymazal et al., 2018）。实验区 TP 的变异系数（CV）为 1.11，表明水质指标浓度分布呈现出明显的空间异质性特征。实验区与缓冲区 NO_2^- 的 CV 值均大于 0.8，这可能是受含氮有机物自身的不稳定性，以及温度和 COD 浓度对含氮有机物分解的共同影响（Romano et al., 2013; Kim et al., 2005）。因此，COD 浓度的空间变化对其他含氮化合物的空间分布特征具有较大影响（表 3-2）。

表 3-2 七星河湿地实验区和缓冲区的水质指标统计

指标	实验区			缓冲区		
	平均值	标准差	变异系数	平均值	标准差	变异系数
NO_2^-	0.02	0.01	0.81	0.01	0.01	0.83
NO_3^-	0.44	0.10	0.23	0.41	0.13	0.32
NH_3-N	1.29	0.52	0.40	0.76	0.26	0.33
TP	0.20	0.22	1.11	0.16	0.09	0.59
TN	1.52	0.39	0.26	1.13	0.37	0.33
COD	22.22	13.25	0.60	15.00	12.25	0.82
DO	6.50	1.11	0.17	7.63	0.79	0.10

3.4 水质等级评价

表 3-3 列举了集对分析计算中所需要的水质指标限值，本章选取 DO、COD、NH_3-N、TP 和 TN 作为评价指标。采用公式（2-1）～公式（2-5）计算 DO、COD、NH_3-N、TP 和 TN 的指标权重（ω_k），分别为 0.16、0.20、0.17、0.24 和 0.23。根据公式（2-8）和公式（2-9）计算不同采样点的各指标关联度，依据相应的指标权重，计算综合联系度后，将综合联系数的总和与置信度（$\lambda = 0.6$）进行比较，以获得各采样点的综合水质等级。本章共估算了七星河湿地 15 个采样点处的水质等级，结果表明，8 个采样点的水质等级为Ⅲ类，4 个采样点为Ⅳ类，其余 3 个采

样点分别为Ⅱ类、Ⅴ类和劣Ⅴ类。水质较差的采样点均分布在湿地实验区，且劣Ⅴ类水质的采样点位于湿地上游七星河汇入处。熵权集对分析水质等级评价结果见表3-3，水质等级分布如图3-2所示。

表3-3 不同评价方法下各采样点处的水质评价等级

	S1	S2	S3	S4	S5	S6	S7	S8	S9	S10	S11	S12	S13	S14	S15
Ⅰ	0	0.165	0.212	0.205	0.205	0.291	0.205	0.152	0.16	0.16	0.007	0.16	0.16	0.365	0.365
Ⅱ	0.042	0.22	0.313	0.205	0.589	0.553	0.535	0.4	0.266	0.258	0.3	0.318	0.32	0.445	0.825
Ⅲ	0.436	0.414	0.737	0.549	0.733	0.775	0.649	0.4	0.4	0.625	0.678	0.706	0.462	0.71	1
Ⅳ	0.539	0.626	0.69	0.775	1	0.82	0.752	0.197	0.605	0.587	0.639	0.775	0.795	0.775	1
Ⅴ	0.589	0.626	1	0.991	1	1	1	1	0.648	1	1	0.752	0.795	0.617	1
劣Ⅴ	1	1	1	1	1	1	1	1	1	1	1	1	1	1	1
集对分析	劣Ⅴ	Ⅳ	Ⅲ	Ⅳ	Ⅲ	Ⅲ	Ⅲ	Ⅳ	Ⅳ	Ⅲ	Ⅲ	Ⅲ	Ⅳ	Ⅲ	Ⅱ
贝叶斯判别分析	劣Ⅴ	Ⅳ	Ⅲ	Ⅲ	Ⅲ	Ⅲ	Ⅲ	Ⅳ	Ⅳ	Ⅲ	Ⅲ	Ⅲ	Ⅳ	Ⅲ	Ⅱ

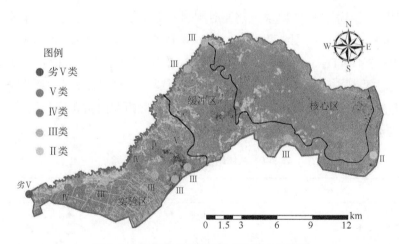

图3-2 七星河湿地各采样点处的水质等级

由评价结果可知，核心区边缘的S15采样点水质最佳，为Ⅱ类水质，湿地上游七星河汇入处（采样点S1）水质等级最低，为劣Ⅴ类水质，因此河流上游水环境质量及进入湿地的水质将作为防控和生态修复的重点。通过对水质等级评价结果的分析发现，共有 6 个采样点（S1、S2、S4、S8、S9、S13）低于Ⅲ类水质，且大多分布于实验区内部，而水质较好的采样点则分布于缓冲区和核心区边缘。七星河湿地核心区一直处于天然原始状态，受人为活动影响较小，水生植物和其他生物种群数量丰富，水域开阔，生态状况良好，能够充分发挥自然降解能力，可有效去除水体污染物。采样点 S10、S11 和 S14 均位于缓冲区边缘（S10 和 S11 靠近七星河河道和农田），全部为Ⅲ类水质。采样点 S10 和 S11 的水质受农业生产影响较大，但由于靠近七星河河道，上游来水对污染起到了稀释效应；采样点 S14 靠近湿地边界并临近农田，但该采样点处水深较大，水生植物密度较高，以上因素均可以保障水质维持在合理的水平范围内。采样点 S1、S2、S4、S8、S9 和 S13 靠近路堤处，农田污染物可随径流流入路堤两侧的排水沟，因此导致该地区水质较差。总体而言，七星河水质易受到农业生产活动的潜在影响，特别是与七星河接壤处和水生植物数量较少的区域。

3.5　主控污染因子识别

按照典型判别分析的要求，需要对判别变量和原始数据进行归一化处理。本章得到的标准化典型判别函数为 $y = -1.614\ DO + 2.086\ COD - 1.380\ NH_3\text{-}N - 1.044\ TP + 2.419\ TN$（$p<0.05$），能够解释 76.3%的方差。TN 和 COD 在水质等级分类中起主要判别作用。对数据进行贝叶斯判别分析的结果如表 3-4 和表 3-5 所示。贝叶斯判别分析结果表明，93.3%的数据原始分组观察值正确分类，贝叶斯判别分析与熵权集对分析的评价结果无显著性差异。

表 3-4　总体均值和方差一致性检验

	Wilks 统计量λ	F	df_1	df_2	显著性
DO	0.881	0.338	4	10	0.847
COD	0.347	4.701	4	10	0.022
NH$_3$-N	0.281	6.384	4	10	0.008
TP	0.82	0.55	4	10	0.704
TN	0.381	4.063	4	10	0.033

表 3-5　判别函数系数

	水质等级				
	劣 V	V	IV	III	II
DO	−3.768	1.175	3.616	5.042	10.204
COD	1.799	1.052	0.673	0.135	−0.929
NH₃-N	−39.203	−4.837	8.088	7.598	37.357
TP	−16.888	−4.666	8.364	21.966	48.098
TN	80.002	46.635	32.271	15.907	−34.464
常数项	−58.455	−56.896	−60.942	−36.361	−35.284

　　利用贝叶斯判别函数的计算结果确定水质分类，其中判别函数系数是水质分类的关键因素。但由于不同水质指标之间判别函数系数的相对值差异较大（表 3-5），因此很难在不同的水质指标之间进行直接比较，为此本章通过比较判别函数系数的变化率来确定影响水质等级分类的主控污染因子。不同水质等级下的贝叶斯判别函数系数及其同比变化率如图 3-3 所示。

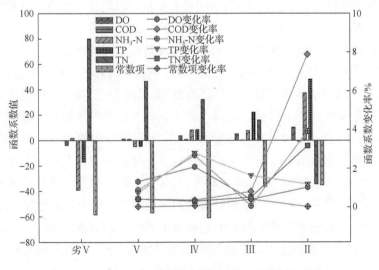

图 3-3　贝叶斯判别函数的系数变化及其同比变化率

　　各指标从 V 类水质向 IV 类水质过渡的函数系数变化相对平缓，在 0～3% 的范围内，任何一项指标的浓度波动都可能引起水质等级的变化（图 3-3）。TP 的系数由 IV 类向 III 类水质过渡的变化速率最大，因此 TP 是控制 III 类水质等级的主要水质指标。当 III 类水质过渡到 II 类水质时，各指标的同比变化率均出现波动，其中 COD、NH₃-N 和 TN 的系数变化最为显著。以上 3 个指标对判别函数的计算影响较大，将会影响水质等级的分类。与其他指标相比，COD 和 TN 的判别函数系数在不同水质分类间表现出明显的波动。其中，COD 的同比变化率分别为0.415%（V 类）、0.360%（IV 类）、0.799%（III 类）、7.881%（II 类），而 TN 的同比变化率分别为 0.417%（V 类）、0.308%（IV 类）、0.507%（III 类）、3.617%（II类）。因此，在防止水环境污染方面，应酌情采取污染防治措施，以强化水质恢复。在水质已经下降到次优标准（如 III 类水质）的地区，应重点监测判别函数系数变化率较大的水质指标（如 COD、NH₃-N 和 TN），以便制定有针对性的预防和控制措施。

3.6 污染源分析

上述研究结果表明，COD、NH₃-N 和 TN 是七星河湿地水质变化的关键影响因素。COD 是衡量水体中有机物含量的重要指标，因此其浓度的升高表明有机污染加重。影响 COD 浓度的污染源包括工业废水、农业退水、粪便或动植物残体等（Fucik et al，2014）。COD 浓度的升高可能是由于湿地被农田所包围，农业生产中化肥和农药的大量使用造成了有机污染。同时，研究结果表明七星河湿地 TP 浓度未超过《地表水环境质量标准》（GB 3838—2002）III 类水质标准限值，但对湿地实验区水质等级影响较大。通常，避免地表水富营养化的 TP 最大允许浓度为 0.025mg/L（VDEC，1990），与该标准相比，七星河湿地的 TP 浓度有超标趋势，同时随着夏季气温的升高，存在引起水体富营养化的可能。此外，氮肥的挥发会导致大气中 NH₃ 浓度的增加（沈健林等，2008），这一过程主要受季节和温度的影响，尤其是在农业生产活动最频繁的时期（种植期）以及高温时期，NH₃ 的挥发量将会增加。在雨季，挥发的 NH₃ 会以 NH₄⁺ 的形式沉降至地表（Clarisse et al.，2009），有可能会导致湿地水体中含氮污染物浓度的上升。农业面源污染一直是全球湿地面临的严重威胁，《第二次全国污染源普查公报》显示，农业污染源主要污染物排放量为 COD-1067.13 万 t、TN-141.49 万 t、TP-21.20 万 t。因此，科学合理地使用农药和化肥在农业面源污染控制方面具有重要意义，湿地的管理工作应将

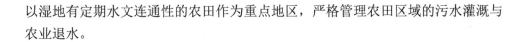

以湿地有定期水文连通性的农田作为重点地区，严格管理农田区域的污水灌溉与
农业退水。

3.7　本章小结

　　本章综合应用熵权集对分析与判别分析法，对影响水质等级分类的主要水质
指标进行了系统研究。结果表明，七星河湿地水质总体呈Ⅲ类水质，降低 TP 是
湿地水质等级由Ⅳ类提升至Ⅲ类的有效途径，降低 COD、NH_3-N 和 TN 是促使湿
地水质等级由Ⅲ类提升至Ⅱ类的主要方法。农药、化肥中的氮元素产生的有机污
染导致 COD、NH_3-N 和 TN 浓度的升高，这主要与含氮污染物随农田径流以及大
气湿沉降进入湿地有关。湿地缓冲区与核心区水生植物的分布密度较高，且有很
大部分处于永久淹没状态，这些因素将会促进污染物的自然衰减。农业区湿地水
质保护需要正确的政策引导和相关管理措施的落实，在保证湿地面积的前提下，
应尽量提高湿地对污染物的净化能力，同时优化农业种植结构并合理使用农业
生产资料，以减少敏感地区的化肥投入量。此外，农业区湿地水质的波动还可
能受季节变化的影响。例如，农业种植期化肥的施用可能会导致氮、磷浓度的提
升，环境温度、上游来水的量与质以及其他环境因素的改变也可能导致湿地水质
的变化。

参 考 文 献

刘东, 周方录, 王维国, 等, 2011. 三江平原农业水文系统复杂性测度方法与应用[M]. 北京: 中国水利水电出版社.

沈健林, 刘学军, 张福锁, 2008. 北京近郊农田大气 NH_3 与 NO_2 干沉降研究[J]. 土壤学报(1): 165-169.

张永, 2017. 基于紫外-可见光谱法水质 COD 检测方法与建模研究[D]. 北京: 中国科学技术大学.

ASHA C V, RETINA I C, SUSON P S, et al., 2016. Ecosystem analysis of the degrading Vembanad wetland ecosystem, the largest Ramsar site on the South West Coast of India—measures for its sustainable management[J]. Regional Studies in Maring Science, 8: 408-421.

CAI Y, FU X, GAO X, et al., 2018. Research progress of on-line automatic monitoring of chemical oxygen demand (COD) of water[J]. IOP Conference Series: Earth and Environmental Science, 121(2): 022039.

CLARISSE L, CLERBAUX C, DENTENER F, et al., 2009. Global ammonia distribution derived from infrared satellite observations[J]. Nature Geoscience, 2(7): 479-483.

DESTA H, LEMMA B, FETENE A, 2012. Aspects of climate change and its associated impacts on wetland ecosystem functions: A review[J]. The Journal of American Science, 8(10): 582-596.

FUCIK P, NOVAK P, ZIZALA D, 2014. A combined statistical approach for evaluation of the effects of land use, agricultural and urban activities on stream water chemistry in small tile-drained catchments of South Bohemia, Czech Republic[J]. Environmental Earth Sciences, 72(6): 2195-2216.

GAO J Q, XIONG Z T, ZHANG J D, et al., 2009. Phosphorus removal from water of eutrophic Lake Donghu by five submerged macrophytes[J]. Desalination, 242(1-3): 193-204.

GUILLON S, THOREL M, FLIPO N, et al., 2019. Functional classification of artificial alluvial ponds driven by connectivity with the river: Consequences for restoration[J]. Ecological Engineering, 127: 394-403.

KIM H S, KATAYAMA H, TAKIZAWA S, et al., 2005. Development of a microfilter separation system coupled with a high dose of powdered activated carbon for advanced water treatment[J]. Desalination, 186(1-3): 215-226.

KUMAR V, SHARMA A, CHAWLA A, et al., 2016. Water quality assessment of river Beas, India, using multivariate and remote sensing techniques[J]. Environmental Monitoring and Assessment, 188(3): 137.

LI N, TIAN X, LI Y, et al., 2018. Seasonal and spatial variability of water quality and nutrient removal efficiency of restored wetland: a case study in Fujin National Wetland Park, China[J]. Chinese Geographical Science, 28(6): 1027-1037.

NONTERAH C, XU Y X, OSAE S, et al., 2015. A review of the ecohydrology of the Sakumo wetland in Ghana[J]. Environmental Monitoring and Assessment, 187(11): 671.

ROMANO N, ZENG C S, 2013. Toxic effects of ammonia, nitrite, and nitrate to decapod crustaceans: A review on factors influencing their toxicity, physiological consequences, and coping mechanisms[J]. Reviews in Fisheries Science, 21(1-4): 1-21.

VERMONT DEPARTMENT OF ENVIRONMENTAL CONSERVATION (VDEC), 1990. A proposal for numeric phosphorus criteria in Vermont's water quality standards applicable to Lake Champlain and Lake Memphremagog[Z]. Waterbury, VT.

VYMAZAL J, BREZINOVA T D, 2018. Treatment of a small stream impacted by agricultural drainage in a semi-constructed wetland[J]. Science of the Total Environment, 643: 52-62.

WAN L, FAN X H, 2018. Water quality of inflows to the Everglades National Park over three decades (1985-2014) analyzed by multivariate statistical methods[J]. International Journal of Environmental Research and Public Health, 15(9): 1882.

YU H, WANG X D, CHU L J, et al., 2019. Is there any correlation between landscape characteristics and total nitrogen in wetlands receiving agricultural drainages?[J]. Chinese Geographical Science, 29(4): 712-724.

第4章 河沼系统水环境重金属污染特征

重金属广泛分布于大气、土壤、水体和沉积物等环境介质中，由于其在环境中的持久性、毒性和生物累积性，以及对区域生态安全和人类健康造成的严重威胁，重金属污染已成为当前严峻的环境问题之一（Barlas et al., 2005）。化石燃料燃烧、工业制造、交通排放以及农业生产活动等是影响环境中重金属含量的主要人为因素（Lv et al., 2019; Sener et al., 2017）。此外，土壤和沉积物等环境介质中重金属的含量还受成土母质的影响（Rao et al., 2016）。进入水体中的重金属元素易于吸附在悬浮颗粒物上，并在重力的作用下沉降至表层沉积物造成富集，从而对底栖生物构成威胁，并严重危害生态系统健康（Simpson et al., 2016; Lafabrie et al, 2007）。当环境条件发生改变时，重金属还可通过化学、物理或生物过程由沉积物重新释放到水体中去，形成二次排放（污染）（Zhao et al., 2015），从而威胁水生生态系统安全。河沼系统作为水陆生态系统间过渡性的自然综合体，承担着水源涵养、水文调节、生物多样性及生境维持等重要生态功能，但迫于高强度人类生产活动的影响，河沼系统正面临着严重的生态退化。农业生产过程中化肥、农药的大量施用，会导致 Cd、Zn 等重金属元素通过地表径流以及大气沉降等方式进入河沼系统，对水生生物的生存和繁衍构成潜在威胁，这更加突出了河沼水环境中重金属污染特征识别与评估的紧迫性和重要性。

4.1 样品采集

在七星河湿地布设了 16 个采样点（S1～S16），为避免采样误差，在预先布设的采样点 30m 范围内选取 5 个分采样点，使用有机玻璃水样采集器收集水体样品，并在相同位置用抓斗式采样器采集 0～5cm 表层沉积物，后将 5 份分样品均匀混合为一份代表性样品。沉积物样品保存于清洁的塑料自封袋中，水体样品装入聚乙烯塑料瓶中，并于现场测定水体样品的 pH，后用硝酸酸化至 pH＜2，用最快速度将样品运回东北农业大学国际持久性有毒物质联合研究中心实验室低温储存。采样点分布见图 4-1。

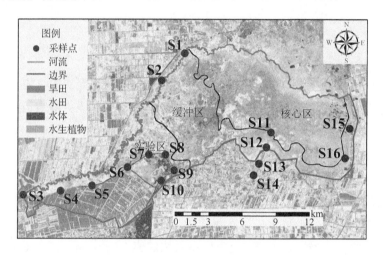

图 4-1　七星河湿地采样点分布图

4.2　沉积物中重金属浓度水平与污染特征

4.2.1　重金属浓度水平

表 4-1 为七星河湿地表层沉积物中重金属浓度的统计情况，其具体浓度见图 4-2。沉积物中重金属的浓度（mg/kg，干重）范围为：Cu（5.4～30.0）、Ni（30.8～44.7）、Cr（59.2～104.0）、Cd（0.1～0.3）、Pb（4.1～33.4）、Zn（174.7～426.4）。其平均浓度呈现 Zn（275.8±69.2）＞Cr（80.3±11.4）＞Ni（38.3±4.1）＞Cu（23.4±5.7）＞Pb（20.4±9.2）＞Cd（0.2±0.1）的下降趋势。重金属环境基线值可在一定程度上反映出特定区域未受工业活动直接影响的重金属浓度水平。20 世纪 70 年代，我国部分学者常将环境背景值加减 2 倍标准差作为土壤基线范围，荷兰土壤技术委员会的学者将土壤重金属元素的背景值加上 2 倍标准差作为衡量土壤重金

属污染的上限值（腾葳等，2010）。本章根据中国环境监测总站所统计的黑龙江省土壤重金属元素的背景值和标准差（中国环境监测总站，1990），计算得出了黑龙江省土壤重金属元素的基线值（表 4-1），用以分析七星河湿地表层沉积物重金属的整体污染状况。结果表明，除 Zn 元素外，其他 5 种重金属元素的平均浓度均未超过黑龙江省土壤基线值，其中 Cu 和 Pb 的浓度明显低于土壤基线值（$p < 0.01$），除部分采样点外（S7、S10、S11、S15 和 S16 的 Cd 浓度、S2 的 Cr 浓度、S7～S9 的 Ni 浓度），Cd、Cr 和 Ni 的浓度也明显低于土壤基线值（$p < 0.05$）（图 4-2）。因此，七星河湿地并未受到工业活动的直接影响，这也进一步证实了七星河湿地作为三江平原保存最为完好的天然湿地的事实（石红艳等，2020；燕超等，2019；Wang et al.，2017；崔守斌，2017）。

表 4-1　七星河湿地沉积物中重金属的浓度统计　　　　单位：mg/kg

重金属	沉积物		基线值	农用地土壤风险筛选值
	浓度范围	平均值 ± 标准差		
Cu	5.4～30.0	23.4±5.7	36.0	100.0
Ni	30.8～44.7	38.3±4.1	43.0	100.0
Cr	59.2～104.0	80.3 ± 11.4	95.0	200.0
Cd	0.1～0.3	0.2 ± 0.1	0.2	0.3
Pb	4.1～33.4	20.4 ± 9.2	32.0	120.0
Zn	174.7～426.4	275.8 ± 69.2	119.0	250.0

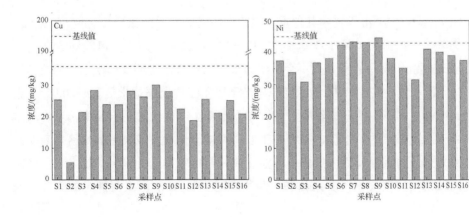

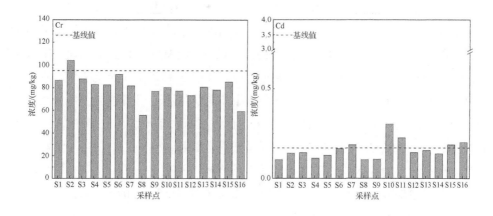

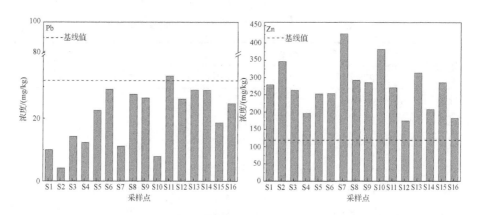

图 4-2   七星河湿地表层沉积物中的重金属浓度

除 Zn 元素外，沉积物中其他重金属浓度明显低于《土壤环境质量　农用地土壤污染风险管控标准（试行）》（GB 15618—2018）的农用地土壤风险筛选值（$p <$ 0.01），表明沉积物中的重金属不会对湿地植物的生长产生明显影响，但应注意所有采样点沉积物中 Cd 和 Zn 的浓度明显高于黑龙江省土壤背景值（$p < 0.01$）。根据尚二萍等（2018）的研究结果，我国东北粮食主产区土壤重金属高污染区域主要集中于松嫩平原的哈尔滨、长春等工业化和城市化程度较发达的地区，表明农业区人为来源的重金属输入远低于工业化或城市化较发达的区域，加之七星河湿地远离城市人口密集区，其水体和沉积物中 Cd 和 Zn 的污染可能主要来源于农

业生产活动。此外，Jiao 等（2014）的研究结果表明，三江平原耕地土壤中重金属的流失与复垦后土壤中黏土和有机质含量的减少密切相关，即湿地复垦区的重金属污染主要发生在土壤侵蚀过程中。特别是天然湿地开垦为水田后，土壤中 Cd 和 Zn 的浓度显著下降，而三江平原在 1992～2018 年间水田种植比例提高了近 36%（黑龙江省统计局等，2019），伴随着农药、化肥的大量施用，这可能进一步加速了 Cd 和 Zn 等重金属元素通过地表径流进入湿地的步伐（何柱锟等，2020；Cui et al.，2019）。

与鄢明才等（1995）统计的我国 1990 年前水系沉积物中重金属的平均浓度水平相比（表 4-2），除了 Cu 和 Pb 之外，七星河湿地其他 4 种重金属浓度均有明显提升（$p < 0.05$），特别是 Zn 的浓度提升了 3 倍以上，这表明湿地沉积物中的重金属存在一定的外源性输入。但七星河湿地重金属浓度明显低于我国南方地区的湖泊和湿地，如太湖、巢湖、鄱阳湖等（表 4-2），这与 Cao 等（2018）的研究结果相似，即我国水系沉积物中重金属的浓度主要呈现出由北向南逐渐增加的趋势，特别是经济发达的沿海地区，重金属污染程度十分严重。本书也发现了这一现象，七星河湿地沉积物重金属浓度显著低于珠江口湿地（除 Zn 外，$p < 0.05$），而与三江平原典型河岸湿地的重金属浓度相比无明显差异（除 Cr 和 Zn 外），但其浓度要高于农田附近的沟渠和复垦湿地。Bai 等（2011）对珠江口新旧复垦区湿地沉积物重金属浓度特征的研究也发现，天然湿地沉积物中重金属的浓度要明显高于复垦湿地（表 4-2）。因此，河口/河岸湿地可能是区域水环境污染物的主要汇集地，自 20 世纪 50 年代开始，三江平原经历了 5 次大规模农垦开发高潮，加之农药、化肥的大量施用，这可能是导致七星河湿地表层沉积物 Zn 浓度较高的重要因素。七星河湿地部分采样点处的 Zn 浓度甚至超过了位于"有色金属之乡"湖南的洞庭湖，这主要与七星河流域的污染排放历史有关，如受流域范围内采矿和洗煤等活动的影响。因此，城市化与工业化程度、农业活动强度和人口密度等因素与水生生态系统中重金属的浓度紧密相关，快速的经济发展和高强度的人类活动可能会导致区域环境介质中污染物的大量累积。

表 4-2　国内部分湿地表层沉积物中重金属的浓度

单位：mg/kg

研究对象	湿地类型	浓度						出处
		Cu	Ni	Cr	Cd	Pb	Zn	
七星河湿地	河岸湿地	23.4 ± 5.7	38.3 ± 4.1	80.3 ± 11.4	0.2 ± 0.1	20.4 ± 9.2	275.8 ± 69.2	本书
东北三江平原	复钦湿地	24.6 ± 4.67 b	22.6 ± 3.7 c	55.5 ± 6.7 b	0.1 ± 0.03 c	22.7 ± 2.0 b	63.5 ± 8.3 c	Jiao et al.，2014
	沟渠湿地	28.6 ± 4.4 b	27.4 ± 3.3 b	62.9 ± 3.0 a	0.1 ± 0.04 b	23.2 ± 1.8 b	72.4 ± 7.7 b	
	河岸湿地	30.0 ± 3.3 a	35.5 ± 3.3 a	65.9 ± 4.6 a	0.2 ± 0.03 a	28.0 ± 2.0 a	96.0 ± 4.3 a	
珠江口复垦区	复钦湿地	51.5 ± 7.2 c	48.1 ± 13.6 b	104.7 ± 19.1 a	1.2 ± 0.3 b	32.2 ± 4.8 b	127.4 ± 16.2 b	Bai et al.，2011
	沟渠湿地	86.1 ± 13.7 a	61.6 ± 7.5 a	122.9 ± 15.0 a	2.3 ± 0.5 a	51.3 ± 7.1 a	240.2 ± 39.4 a	
	河岸湿地	68.5 ± 23.2 b	50.2 ± 13.0 b	112.8 ± 23.0 a	2.4 ± 0.9 a	49.0 ± 12.0 a	215.5 ± 56.7 a	
太湖	湖泊湿地	44.7	45.5	102.5	0.5	37.0	163.6	张杰等，2019
巢湖	湖泊湿地	35.5	38.5	81.9	0.6	58.3	195.5	孔明等，2015
鄱阳湖	湖泊湿地	35.7	49.7	49.3	1.9	52.2	210.1	杨期勇等，2018
洞庭湖	湖泊湿地	58.2	—	96.8	7.8	79.2	232.9	张光贵等，2015
洪泽湖	湖泊湿地	35.0	—	57.6	3.2	18.8	72.4	余辉等，2011
全国水系沉积物重金属平均值		21.0	24.0	58.0	0.1	25.0	68.0	鄢明才等，1995

注：表中不同字母（a，b，c）代表不同类型湿地间重金属含量差异显著（$p < 0.05$）；—代表数据未获取。

4.2.2　重金属空间分布特征

为了探寻七星河湿地重金属的空间分布状况，根据采样点的地理位置对其进行了分类，其中，S3～S5、S13 和 S14 位于湿地的复垦区附近，S1、S2、S11、S12 和 S15 位于湿地的边缘区域，S6～S10 和 S16 位于湿地的内部。七星河湿地沉积物中重金属的空间分布情况见图 4-3（采样点具体位置见图 4-1）。

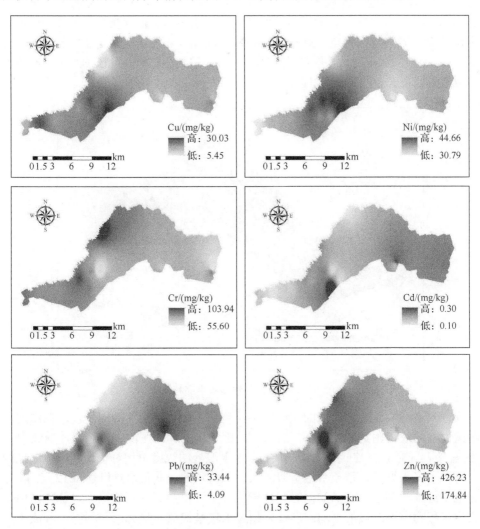

图 4-3　七星河湿地沉积物中重金属的空间分布

除 Cr 外，其他 5 种重金属浓度较高的区域均出现在湿地内部（图 4-3）。地形因素可能是造成重金属浓度差异的主要因素，而地形差异往往导致湿地内部水文要素的差异（Liang et al.，2009），由于湿地内部采样点（S6～S10 和 S16）附近地势低洼（图 4-4），重金属受水文条件的影响可能汇集到了湿地内部。同时，地形也作为土壤形成的关键要素，Liang 等（2009）的统计结果表明，河道底部饱和潜育土中污染物的浓度要明显低于泛洪平原的松软冲积土，这主要是由于泛洪平原淤泥所构成的松软冲积土有机质含量相对较高，进而导致污染物的大量累积（Rinklebe et al.，2007）。七星河湿地重金属的空间分布也存在类似特征，即湿地上游的七星河河道采样点（S1～S3）中 Ni、Pb 和 Cd 的浓度要明显低于其他采样点（$p < 0.05$，图 4-2）。但是 Cr 却展现出了相反的空间分布特征，即 Cr 的高浓度区域主要分布于七星河河道附近，这表明河流的输入是七星河湿地 Cr 的重要来源。

图 4-4 七星河湿地数字高程图

以农业源作为主要来源的 Cu、Zn 呈现出了类似的空间分布特征，在湿地实验区内部的农田附近浓度较高，这主要是因为农药和化肥的大量施用，导致 Cu、Zn 富集。同时 Cu、Zn 在湿地内部生态蓄水池处的浓度也相对较高，由于湿地内部开挖了引水渠道，常年引七星河河水注入蓄水池，其蓄水量可达 0.12 亿 m³，在维持湿地内部水量充沛的同时，可能也导致了重金属元素的输入。此外，由于表层沉积物中重金属的平均浓度均未超过土壤基线值（除 Zn 元素外），其成土母质不同可能也是造成不同采样点重金属浓度差异的另一项重要原因。

4.2.3　重金属污染程度

1.　地累积指数法

本节选取地累积指数（I_{geo}）来进一步解释表层沉积物中重金属的污染水平，七星河湿地表层沉积物的 I_{geo} 值见图 4-5。6 种重金属元素 I_{geo} 的平均值由高到低依次为：Zn > Cd > Ni > Cr > Cu > Pb。通常 I_{geo} 将污染分为从"清洁"至"严重污染"五个等级，但计算结果表明，七星河湿地表层沉积物的 I_{geo} 值在-3.2（S2）和2.0（S7）之间，分别处于"清洁"与"中等污染"水平，表明七星河湿地表层沉积物中重金属污染相对较轻。所有重金属元素中，Zn 的污染等级最高，其平均 I_{geo}值为 1.34（中等污染），除 S4、S12 和 S13 处于"低污染"状态外，其余所有采样点均已达到"中等污染"水平。其次为 Cd，超过 70%的采样点处于"低污染"水平，值得注意的是采样点 S10 处的 Cd 污染已达到了"中等污染"水平。部分采样点还存在 Ni 污染问题，但其 I_{geo} 值稍大于"清洁"状态的上阈值（I_{geo} < 0.4），属于"低污染"水平。同时 Ni 的变异系数为 0.11，表明除受成土母质的影响外，Ni 主要来源于面源污染（如大气沉降），这可能与北方冬季的燃煤供暖有关（Cui et al.，2019）。Cu 和 Pb 为七星河湿地表层沉积物中最为"清洁"的重金属元素，所有采样点的 I_{geo} 值均小于 0。因此，七星河湿地表层沉积物的重金属污染主要源于 Zn 和 Cd，农业流域范围内由 Zn 和 Cd 共同造成的污染表明其主要来源于农业

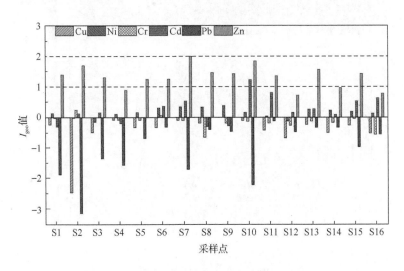

图 4-5　七星河湿地各采样点处沉积物的 I_{geo} 值

生产活动，如磷肥和杀虫剂的大量使用，导致其通过地表径流或大气沉降等途径进入湿地（Sun et al.，2019）。因此，农业生产管理的优化与控制是影响湿地生态环境质量的重要因素。但是，各采样点的平均 I_{geo} 值均小于 1，整体处于"清洁"或"低污染"水平，表明七星河湿地受人类活动的影响较小。

2. 改进的 Nemerow 污染指数法

地累积指数（I_{geo}）可以很好地反映单一重金属元素的污染等级，因此其更加适用于仅受单一污染物影响的研究区域。实际上，某一地区的污染总是由复合污染所致，因此，本节进一步采用改进的 Nemerow 污染指数法分析表层沉积物中6种重金属元素的综合污染状况。在计算 Nemerow 污染指数前，我们再次计算沉积物中重金属的单因子污染指数（图 4-6），同 I_{geo} 的评价结果相似，Pb 处于"清洁"水平，Cu、Ni、Cr 和 Cd 处于"低污染"水平，但是与 I_{geo} 的评估结果不同，单因子污染指数（P_i）的评价结果显示 Zn 处于"高污染"水平。这主要是由于 P_i 的评价标准较为严格，其更加强调重金属监测浓度与背景浓度的差异程度，而 I_{geo} 由于引入了不确定性因子（1.5），弱化了背景值差异的影响程度。因此，I_{geo} 可能更加适用于城市等污染较为严重的区域，而 P_i 则更加适用于自然保护区等受人为活动影响较小的区域（James et al.，2015；Müller，1969）。

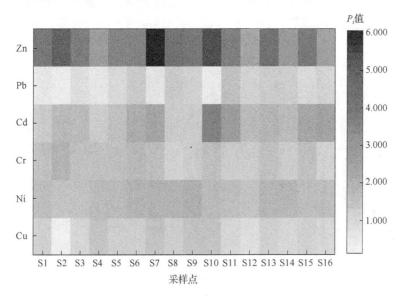

图 4-6　表层沉积物中 6 种重金属的单因子污染指数空间分布

由图 4-7 可知，传统 Nemerow 污染指数法的评价结果要明显高于改进的 Nemerow 污染指数法（$p < 0.05$），这主要是由于其在评价过程中过分地强调了单因子污染指数最大值的贡献，但却忽略了重金属在环境质量标准中的相对重要性以及生物毒性。本章根据公式（2-18）计算得出综合权重最大的污染因子为 Cd，因此在改进的 Nemerow 污染指数法中以 Cd 的单因子污染指数作为 P_{iw_1max} 计算 P_N。而根据 P_i 的计算结果，所有重金属中属 Zn 元素的 P_i 值最大，因此传统 Nemerow 污染指数则以 Zn 的 P_i 值作为 P_{imax} 计算 P_N。由于除 Zn 元素外，其他重金属元素均处于"清洁"或"低污染"水平，这导致传统的 Nemerow 污染指数普遍高于改进的，进一步验证了传统 Nemerow 污染指数的弊端，即研究区内仅有某一因子的污染指数偏高而其他因子污染指数均较低时，同样会计算得出较大的 Nemerow 污染指数（Cui et al.，2019；Deng et al.，2012）。根据改进的 Nemerow 污染指数可知，除采样点 S10 属"中等污染"外，其他采样点均处于"低污染"水平，这表明七星河湿地并未受到人为活动的明显影响。此外，虽然 Zn 提升了重金属的综合污染水平，但是所有采样点处 Zn 的浓度并未明显超过《土壤环境质量 农用地土壤污染风险管控标准（试行）》（GB 15618—2018）中农用地土壤风险筛选值（$p > 0.05$），并不会对植物的生长产生明显的影响，因此改进的 Nemerow 污染指数法的评价结果更加合理。

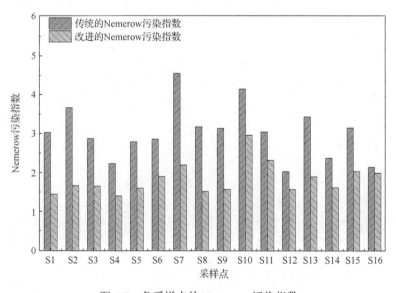

图 4-7　各采样点的 Nemerow 污染指数

4.3　水体中重金属浓度水平与污染特征

4.3.1　重金属浓度水平

七星河湿地水体中重金属浓度见图 4-8,其浓度范围及其与水质标准的对比情况见表 4-3。水体中重金属的浓度(μg/L)范围分别为:Cu(0.76～10.72)、Ni(1.30～8.76)、Cr(1.84～18.91)、Cd(0.03～0.32)、Pb(1.87～6.60)、Zn(55.43～214.85)。平均浓度呈现 Zn(117.44±51.98)＞Cr(6.96±4.98)＞Pb(3.83±1.63)＞Ni(3.41±2.13)＞Cu(2.76±2.72)＞Cd(0.17±0.09)的下降趋势,其中 Pb 的相对排序与沉积物相比存在差异,这可能是由于进入水体中的重金属会吸附在悬浮颗粒物上,并在重力的作用下沉降至表层沉积物,因此理化性质较为稳定的沉积物可反映出污染长期累积的结果,而水体中重金属浓度反映的仅是采样期的污染状况(张福祥等,2020;Cui et al.,2019)。此外,Peng 等(2019)和 Xia 等(2014)的研究表明,我国农业区土壤中 50%～93%的 Cd、Pb、Ni、Cr、Cu 和 Zn 输入来源于大气沉降,而其中属 Pb 的大气沉降输入源占比最高,约为 92.5%。与沉积物相比,水体直接地暴露于大气环境中,这进一步解释了水体和沉积物中 Pb 相对排序差异的原因。

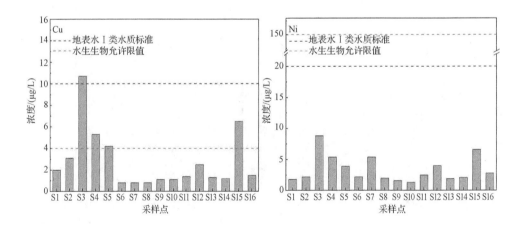

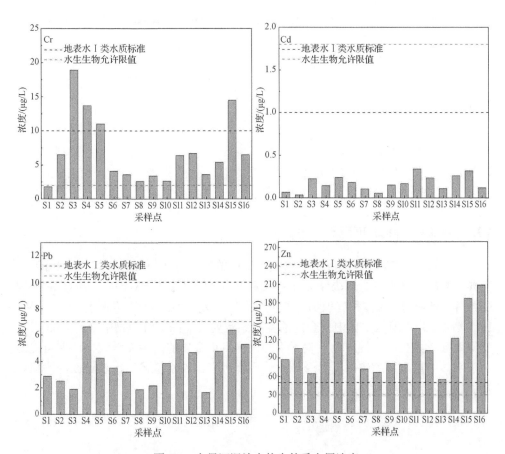

图 4-8　七星河湿地水体中的重金属浓度

与《地表水环境质量标准》（GB 3838—2002）比较的结果表明（表 4-3），除 Zn 外，其他 5 种重金属浓度均明显低于地表水 I 类水质标准限值（$p < 0.01$），同时 Cu、Ni、Cd 和 Pb 的浓度要远小于水生生物允许限值（CCME, 2007）（$p < 0.01$）。虽然大部分采样点 Cr 和 Zn 的浓度超过了水生生物允许限值，可能会对水生生物产生不良影响，但 Cr 的浓度明显低于地表水 I 类水质标准限值（$p < 0.01$），这可能与 Cr 自身的生物毒性有关。同样地，与《地表水环境质量标准》（GB 3838—2002）的标准阈值相比较，Cr 的水生生物允许限值也要明显低于 Cr 的地表水 I 类水质标准限值。因此推断即使暴露于低浓度水平下的 Cr 污染环境中仍会对水生生物产生不良影响，针对 Cr 的暴露风险问题将会在后续章节深入讨论。

表 4-3　七星河湿地水体中重金属的浓度统计　　　　　　　　单位：μg/L

| | 水体 | | 地表水 I / II /III类 | 水生生物 |
	浓度范围	平均值 ± 标准差	水质标准限值	允许限值
Cu	0.76～10.72	2.76 ± 2.72	10 / 1000 / 1000	4
Ni	1.30～8.76	3.41 ± 2.13	20 / 20 / 20	150
Cr	1.84～18.91	6.96 ± 4.98	10 / 50 / 50	2
Cd	0.03～0.32	0.17 ± 0.09	1 / 5 / 5	1.8
Pb	1.87～6.60	3.83 ± 1.63	10 / 10 / 50	7
Zn	55.43～214.85	117.44 ± 51.98	50 / 1000 / 1000	30

4.3.2　重金属空间分布特征

变异系数（CV）能够反映出重金属浓度的空间分布特征（崔嵩等，2019），变异系数越大表明重金属浓度受外界因素影响越大。根据 Everitt（1998）对空间变异等级的划分，水体和沉积物中 6 种重金属均处于"中等变异"水平（0.1 < CV < 1.0）（图 4-9），但是水体中重金属的变异系数要明显高于沉积物中（$p < 0.01$）。变异系数较大在一定程度上反映了不同采样点重金属的浓度差异较大，这可能是由于水体中重金属的浓度更易受到周边环境因素，如水量稀释、农业面源污染以及上游来水输入等因素的直接影响。

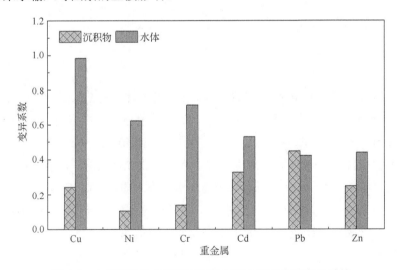

图 4-9　七星河湿地水体和沉积物中重金属浓度的变异系数

　　沉积物中重金属的二次释放是影响水体重金属浓度的另一项重要因素（Huang et al.，2012）。但 Pearson 相关分析结果表明，水体与沉积物中重金属的浓度无显著相关性（$p > 0.05$），其原因可能是由于水体整体处于弱碱性，不利于沉积物中重金属的释放，反而更利于水体中重金属的沉降，加之湿地内部的水力条件可能较湿地边缘及河道附件更为稳定，同时湿地内部的水量更加充沛，对污染物浓度起一定稀释作用，因此水体和沉积物中重金属的空间分布特征展现出了相反的分布趋势（图 4-10）。

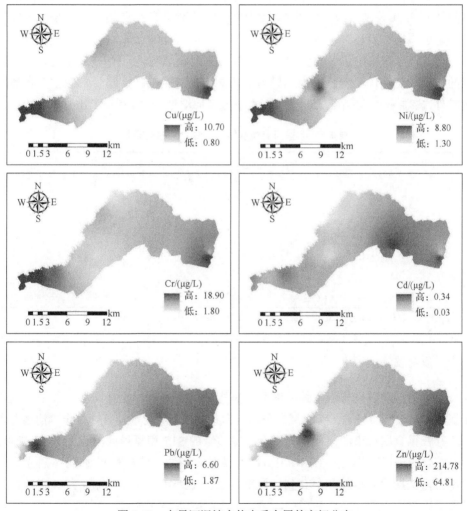

图 4-10　七星河湿地水体中重金属的空间分布

Cr、Ni 和 Cu 浓度的最大值均出现在湿地上游七星河汇入处（图 4-10），而湿地内部浓度较低，且这 3 种重金属元素间存在显著的相关性（$p < 0.01$，表 4-4），表明其存在相似的污染来源，即七星河的径流输入。Jiao 等（2014）的研究也发现，湿地复垦会导致黏性土比例的下降，进而加剧水土流失，因此农田中的重金属元素会向附近的沟渠中迁移，再通过河流向湿地内部输送，这进一步解释了重金属浓度的最大值均出现在湿地上游七星河汇入处的原因。Cd 与 Pb 间也存在显著的相关性（$p < 0.05$），湿地管护站附近水体中 Cd 和 Pb 的浓度均较高（月牙泡站除外）。崔嵩等（2019）发现了重金属的初次分馏效应，即随着与污染源距离的增加重金属的浓度逐渐下降，鉴于管护站附近的人类活动相对于其他采样点更为频繁，这种分馏效应还可能受到当地排放源的严重影响。此外，Zn 在七星河站附近的浓度较高，这可能是因为七星河站还作为生态旅游区，除受农业生产多动的影响外，旅游业的发展可能进一步加重了七星河湿地的 Zn 污染（Pu et al.，2021）。

表 4-4　七星河湿地水体中重金属的相关矩阵

	Cu	Ni	Cr	Cd	Pb	Zn
Cu	1.00					
Ni	0.86**	1.00				
Cr	0.94**	0.87**	1.00			
Cd	0.32	0.35	0.47	1.00		
Pb	0.11	0.22	0.36	0.59*	1.00	
Zn	0.03	0.07	0.24	0.35	0.71**	1.00

注：**代表显著性水平为 $p < 0.01$（双侧）；*代表显著性水平为 $p < 0.05$（双侧）。

4.3.3　重金属污染程度

七星河湿地各采样点水体的综合污染指数见图 4-11。七星河湿地各采样点重金属综合污染水质指数（WQI）的平均值为 0.67，表明其水体整体处于"清洁"水平。存在重金属污染的采样点分别是湿地边缘的 S15 和复垦区附近的 S4 采样点，但其综合污染指数分别为 1.18 和 1.03，稍大于"清洁"状态的上阈值。6 种重金属对综合污染指数的贡献率由高到低依次为 Zn > Cr > Pb > Cu > Cd > Ni（图 4-12），其贡献率分别为 58.05%、17.19%、9.46%、6.84%、4.24% 和 4.21%。

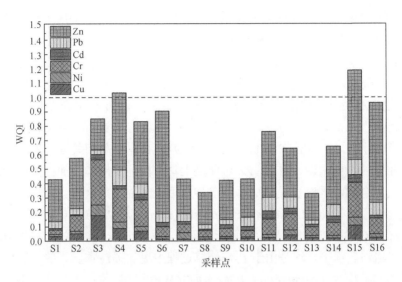

图 4-11　七星河湿地水体重金属综合污染水质指数（WQI）

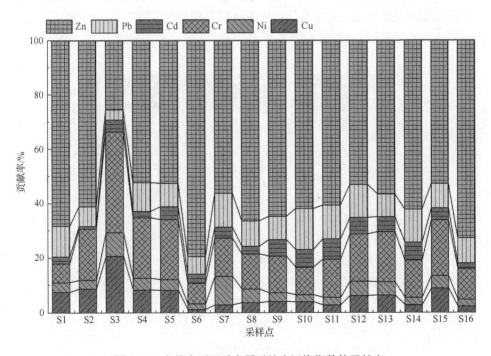

图 4-12　水体中不同重金属对综合污染指数的贡献率

单因子污染指数的计算结果表明（图 4-13），Zn 污染的平均水平已达到"中等污染"，特别是采样点 S6、S15 和 S16 已达到"高污染"水平，Ke 等（2017）的研究结果表明，Zn 污染可能源于湿地周边的农业生产活动。自 20 世纪 80 年代以来，湿地周边农业种植面积大幅增加（Mao et al.，2015），农药化肥的大量施用可能是造成 Zn 污染的主要原因。其他 5 种重金属（除 Cr 在采样点 S3、S4 和 S15 为"低污染"水平外）均处于"清洁"水平，并且 Cr、Ni 和 Cu 之间（$R = 0.85$，$p < 0.01$）以及 Cd 和 Pb（$R = 0.59$，$p < 0.05$）间存在显著相关性（表 4-4），推测其存在相似的污染来源。因此，Zn 可能是七星河湿地受周边农业生产活动影响最为严重的重金属，同时也是造成水体重金属污染的主控重金属。虽然通过对比水生生物允许限值（aquatic life water permissible limits，AWPL）（CCME，2007），所有采样点 Cr 的浓度都明显超过了标准限值（$p<0.01$），但 P_i 的计算结果却显示其处于"清洁"水平，这是由于 P_i 在计算过程中更加关注重金属的实测浓度与背景浓度的差异程度（Nemerow，1974），而 AWPL 更加关注重金属污染的水生生态效应，可能会导致处于"清洁"或"低污染"水平下的重金属仍会对水生生物产生不良影响，这主要是与重金属的自身性质有关（如生物毒性），而非人类影响因素所导致的不良生态效应。

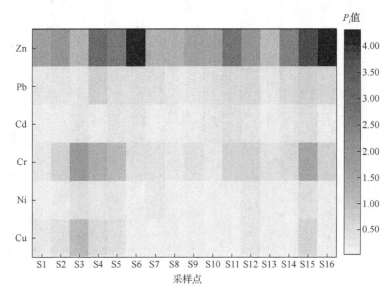

图 4-13　水体中 6 种重金属的单因子污染指数空间分布

4.4 本章小结

　　本章分析了七星河湿地水体和沉积物中重金属的浓度水平、空间分布特征和污染程度。结果表明，七星河湿地并未受到工业污染的直接影响，湿地周边农业生产资料的长期大量施用是导致 Cd 和 Zn 累积的主要原因。沉积物中重金属浓度的高浓度值普遍集中于湿地的内部，地形因素可能导致了重金属受水文条件的影响汇集到了湿地内部。地累积指数和改进 Nemerow 污染指数的计算结果均表明，七星河湿地沉积物处于"清洁"和"低污染"状态，其中 Zn 作为主要污染因子的同时，提升了七星河湿地沉积物重金属的综合污染等级。水体中重金属的浓度更易受到周边环境因素如水量稀释、农业面源污染以及上游来水输入等的直接影响，水体中重金属的空间变异水平明显高于沉积物，且水体与沉积物中重金属的空间分布特征呈现出相反的分布趋势。水质综合污染指数的评价结果表明，七星河湿地水体整体处于"清洁"状态，其中 Zn 对综合污染程度的贡献最高（58%）。

参 考 文 献

崔守斌, 2017. 黑龙江七星河自然保护区白琵鹭数量分布及繁殖习性初步研究[J]. 黑龙江科学, 8(10): 57-59, 61.

崔嵩, 李昆阳, 付强, 等, 2019. 哈尔滨市积雪中重金属污染特征分析与清单估算[J]. 应用基础与工程科学学报, 27(6): 1248-1257.

何柱锟, 陈海洋, 陈瑞晖, 等, 2020. 乐安河沉积物重金属污染评价与来源解析[J]. 北京师范大学学报(自然科学版), 56(1): 78-85.

黑龙江省统计局, 国家统计局黑龙江调查总队, 2019. 黑龙江统计年鉴(2019)[M]. 北京: 中国统计出版社.

孔明, 董增林, 晁建颖, 等, 2015. 巢湖表层沉积物重金属生物有效性与生态风险评价[J]. 中国环境科学, 35(4): 1223-1229.

尚二萍, 许尔琪, 张红旗, 等, 2018. 中国粮食主产区耕地土壤重金属时空变化与污染源分析[J]. 环境科学, 39(10): 4670-4683.

石红艳, 姚俊英, 2020. 湿地气候对周边区域粮食生产的影响—黑龙江省七星河湿地国家自然保护区为例[J]. 中国农学通报, 36(33): 87-94.

腾葳, 柳琪, 李倩, 等, 2010. 重金属污染对农产品的危害与风险评估[M]. 北京: 化学工业出版社.

鄢明才, 迟清华, 顾铁新, 等, 1995. 中国各类沉积物化学元素平均含量[J]. 物探与化探(6): 468-472.

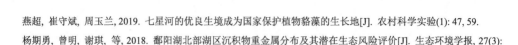

燕超, 崔守斌, 周玉兰, 2019. 七星河的优良生境成为国家保护植物貉藻的生长地[J]. 农村科学实验(1): 47, 59.

杨期勇, 曾明, 谢琪, 等, 2018. 鄱阳湖北部湖区沉积物重金属分布及其潜在生态风险评价[J]. 生态环境学报, 27(3): 556-564.

余辉, 张文斌, 余建平, 2011. 洪泽湖表层沉积物重金属分布特征及其风险评价[J]. 环境科学, 32(2): 437-444.

张福祥, 崔嵩, 朱乾德, 等, 2020. 七星河湿地水环境重金属污染特征与风险评价[J]. 环境工程, 38(10): 68-75.

张光贵, 谢意南, 莫永涛, 2015. 洞庭湖典型水域表层沉积物中重金属空间分布特征及其潜在生态风险评价[J]. 环境科学研究, 28(10): 1545-1552.

张杰, 郭西亚, 曾野, 等, 2019. 太湖流域河流沉积物重金属分布及污染评估[J]. 环境科学, 40(5): 2202-2210.

中国环境监测总站, 1990. 中国土壤元素背景值[M]. 北京: 中国环境科学出版社.

BAI J H, XIAO R, CUI B S, et al., 2011. Assessment of heavy metal pollution in wetland soils from the young and old reclaimed regions in the Pearl River Estuary, South China[J]. Environmental Pollution, 159(3): 817-824.

BARLAS N, AKBULUT N, AYDOGAN M, 2005. Assessment of heavy metal residues in the sediment and water samples of Uluabat Lake, Turkey[J]. Bulletin of Environmental Contamination and Toxicology, 74(2): 286-293.

CANADIAN COUNCIL OF MINISTERS OF THE ENVIRONMENT(CCME), 2007. Canadian water quality guidelines for the protection of aquatic life: Summary table[R]. Winnipeg, Canada: Canadian Council of Ministers of the Environment.

CAO Q Q, WANG H, LI Y R, et al., 2018. The national distribution pattern and factors affecting heavy metals in sediments of water systems in China[J]. Soil and Sediment Contamination, 27(1-4): 1-19.

CUI S, ZHANG F X, HU P, et al., 2019. Heavy metals in sediment from the urban and rural rivers in Harbin city, Northeast China[J]. International Journal of Environmental Research and Public Health, 16(22): 4313.

DENG H G, GU T F, LI M H, et al., 2012. Comprehensive Assessment Model on Heavy Metal Pollution in Soil[J]. International Journal of Electrochemical Science, 7(6): 5286-5296.

EVERITT B S, 1998. The Cambridge Dictionary of Statistics[M]. UK, New York: Cambridge University Press.

HUANG J Z, GE X P, WANG D S, 2012. Distribution of heavy metals in the water column, suspended particulate matters and the sediment under hydrodynamic conditions using an annular flume[J]. Journal of Environmental Science, 24(12): 2051-2059.

JAMES P B, GODWIN A A, WAYDE N M, et al., 2015. Development of a hybrid pollution index for heavy metals in marine and estuarine sediments[J]. Environmental Monitoring and Assessment, 187(5): 306.

JIAO W, WEI O Y, HAO F H, et al., 2014. Geochemical variability of heavy metals in soil after land use conversions in Northeast China and its environmental applications[J]. Environmental Science Processes and Impacts, 16(4): 924-931.

KE X, GUI S F, HUANG H, et al., 2017. Ecological risk assessment and source identification for heavy metals in surface sediment from the Liaohe River protected area, China[J]. Chemosphere, 175: 473-481.

LAFABRIE C, PERGENT G, KANTIN R, et al., 2007. Trace metals assessment in water, sediment, mussel and seagrass species—validation of the use of Posidonia oceanica as a metal biomonitor[J]. Chemosphere, 68(11): 2033-2039.

LIANG G D, RINKLEBE J, VANDECASTEELE B, et al., 2009. Trace metal behaviour in estuarine and riverine floodplain soils and sediments: A review[J]. Science of the Total Environment, 407(13): 3972-3985.

LV J S, LIU Y, 2019. An integrated approach to identify quantitative sources and hazardous areas of heavy metals in soils[J]. Science of the Total Environment, 646: 19-28.

MAO D H, WANG Z M, LI L, et al., 2015. Soil organic carbon in the Sanjiang Plain of China: Storage, distribution and controlling factors[J]. Biogeosciences, 12(6): 1635-1645.

MÜLLER G, 1969. Index of Geoaccumulation in sediments of the Rhine River[J]. GeoJournal, 2(3): 109-118.

NEMEROW N L C, 1974. Scientific Stream Pollution Analysis[M]. Washington: Scripta Book Company.

PENG H, CHEN Y L, WENG L P, et al., 2019. Comparisons of heavy metal input inventory in agricultural soils in North and South China: A review[J]. Science of the Total Environment, 660: 776-786.

PU T, KONG Y L, KANG S C, et al., 2021. New insights into trace elements in the water cycle of a karst-dominated glacierized region, Southeast Tibetan Plateau[J]. Science of the Total Environment, 751: 141725.

RAO L B, TIAN M, ZHAO X Y, et al., 2016. Spatial distribution and sources of trace elements in surface soils, Changchun, China: Insights from stochastic models and geostatistical analyses[J]. Geoderma, 273: 54-63.

RINKLEBE J, FRANKE C, NEUE H U, 2007. Aggregation of floodplain soils based on classification principles to predict concentrations of nutrients and pollutants[J]. Geoderma, 141(3-4): 210-223.

SENER S, SENER E, DAVRAZ A, 2017. Evaluation of water quality using water quality index(WQI)method and GIS in Aksu River(SW-Turkey)[J]. Science of the Total Environment, 584: 131-144.

SIMPSON S L, SPADARO D A, 2016. Bioavailability and chronic toxicity of metal sulfide minerals to benthic marine invertebrates: implications for deep sea exploration, mining and tailings disposal[J]. Environmental Science and Technology, 50(7): 4061-4070.

SUN C Y, ZHANG Z X, CAO H N, et al., 2019. Concentrations, speciation, and ecological risk of heavy metals in the sediment of the Songhua River in an urban area with petrochemical industries[J]. Chemosphere, 219: 538-545.

WANG H, LIANG H, GAO D W, 2017. Occurrence and distribution of phthalate esters(PAEs) in wetland sediments[J]. Journal of Forestry Research, 28(6): 1241-1248.

XIA X Q, YANG Z F, CUI Y J, et al., 2014. Soil heavy metal concentrations and their typical input and output fluxes on the southern Song-Nen Plain, Heilongjiang Province, China[J]. Journal of Geochemical Exploration, 139: 85-96.

ZHAO L, MI D, CHEN Y F, et al., 2015. Ecological risk assessment and sources of heavy metals in sediment from Daling river basin[J]. Environmental Science and Pollution Research, 22(8): 5975-5984.

第5章 | 积雪中重金属污染特征与残留清单

重金属污染早在人类开始加工并使用化石燃料的时期就已出现（Paul，2017），经济快速发展和工业化进程加剧所伴随的能源消耗量的增大，导致区域大气环境质量明显下降（Taiwo et al.，2014）。大部分污染物在大气环境中稳定存在的时间较短（Wang et al.，2015），例如重金属会吸附在大气悬浮颗粒物的表面，并随干、湿沉降进入地表环境中。与降雨相比，由于降雪具有较大的比表面积且下落过程与大气中的污染物接触时间较长，因此降雪的清除效率更高且在优化大气环境质量方面发挥了重要作用（Raynor et al.，1982）。Sansalone 等（1996）的研究表明，融雪水中的悬浮颗粒物含量高于降雨几个数量级。而与新降雪相比，积雪作为一种更为开放的环境介质，能够累积储存环境中的污染物（王镜然等，2020），故探寻其重金属的污染水平与赋存状态可较为直观地反映区域大气污染水平。

三江平原作为我国最大的淡水沼泽分布区，具有重要的区域及全球生态意义（Zhang et al.，2020）。随着农业生产规模及水稻种植面积的逐渐扩大，灌溉用水量也逐渐加大。据统计，世界上近85%的淡水资源被用于农业灌溉（World Water Assessment Programme，2012），这势必会导致湿地生态环境用水得不到有效保障，而使其面临严重的生态退化与污染加剧问题。针对三江平原寒冷的气候特点，冬季降雪量可达 40～80mm，Zou 等（2018）提出探寻区域融雪的合理使用方式将会是有效缓解用水冲突的重要途径。尽管如此，明确积雪的潜在风险仍然是首要任务，Murozumi 等（1969）于 1969 年对格陵兰岛和南极积雪中 Pb 含量的研究开启了积雪中重金属污染特征识别的序幕。Westerlund 等（2006）的研究还发现，融雪水中会含有大量的颗粒物和重金属，表明积雪可作为一种相对稳定的环境污染物赋存介质。积雪中污染物残留量的估算能够反映出区域环境污染输入情况（崔嵩等，2019），特别是对于我国北方高寒地区的湿地生态系统，由于冬季河道封冻，湿地上游来水中断，导致湿地内部的污染来源较为单一，即湿地冬季的污染输入主要通过大气沉降途径。因此，通过积雪中重金属残留量的估算与残留清单的编制，能够进一步阐明冬季重金属的污染来源与输入特征。

5.1　样　品　采　集

在七星河湿地内部共布设采样点 19 个（图 5-1），使用硝酸酸洗后的聚乙烯塑料桶采集积雪样品，并于现场测量积雪的深度与密度。所采集的积雪样品于室温条件下融化后，用硝酸将融雪水样品酸化至 pH < 2，并迅速带回东北农业大学国际持久性有毒物质联合研究中心实验室分析检测。

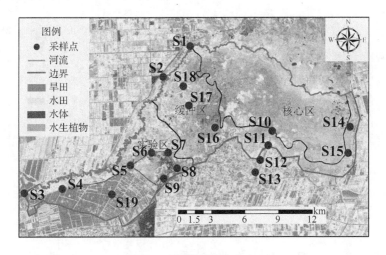

图 5-1　积雪采样点分布

5.2　重金属浓度水平

七星河湿地积雪样品中重金属的浓度如图 5-2 所示。所有采样点的积雪样品中 Cu、Ni、Cr、Cd、Pb 和 Zn 均有检出，其平均浓度（μg/L）由高到低依次为：Zn（103.46）> Pb（13.08）> Cr（11.97）> Ni（9.55）> Cu（6.19）> Cd（0.55）。

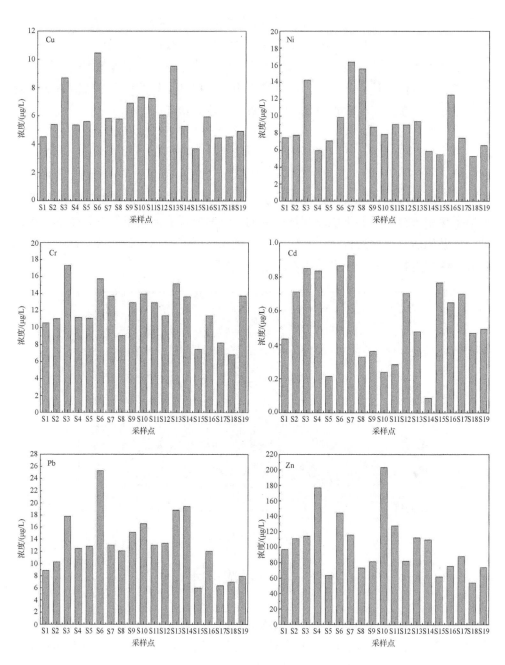

图 5-2　七星河湿地积雪中的重金属浓度

其中，Zn 的浓度范围为 $53.81\sim203.29\mu g/L$，Cd 的浓度范围为 $0.09\sim0.92\mu g/L$。与水体中重金属的浓度相比，积雪中重金属浓度明显高于水体（$p<0.05$）。同时，Pb 的平均浓度高于其在水体和沉积物中的排序（见 4.2.1 小节和 4.3.1 小节）。积雪中污染物的浓度可较为直观地反映出区域大气环境的污染程度，Peng 等（2019）和 Xia 等（2014）的研究表明，我国农业区土壤中约 92.5% 的 Pb 来源于大气沉降输入，揭示了水体、沉积物和积雪中 Pb 平均浓度排序差异的原因，表明七星河湿地 Pb 可能主要来源于大气沉降输入。

为了更好地了解七星河湿地积雪中重金属的浓度水平，将其与国内部分地区积雪/新降雪样品中的重金属浓度水平进行了对比，见表 5-1。结果表明，除 Zn 外，其他重金属浓度均明显高于青藏高原地区雪山积雪（Pu et al.，2021）（$p<0.01$），这表明七星河湿地积雪中重金属的浓度受到了一定程度的人为活动影响。但是，七星河湿地积雪中 Cu 和 Cr 的浓度明显低于哈尔滨市的市区和郊区（$p<0.01$），这主要是由于 Cu、Cr 的污染与交通源排放有关。崔嵩等（2019）对哈尔滨市不同城市功能区积雪中重金属的研究发现，积雪中 Cu 和 Cr 的浓度随着与城市交通密集区距离的增加而逐渐降低。Wang 等（2015）和 Xue 等（2020）对我国东北地区新降雪中重金属的研究也同样发现了这一现象（表 5-1），即积雪中的重金属存在初次分馏效应和城市分馏效应（崔嵩等，2019）。然而，七星河湿地积雪中的 Pb 浓度与哈尔滨市郊区并无明显差异，但明显低于哈尔滨市的农村地区。刘凤玲等（2014）的研究表明，大气颗粒物中的 Pb 主要与农作物秸秆燃烧有关。我国北方农村地区冬季采用农作物秸秆和煤炭燃烧等方式取暖，可能是导致农村地区积雪中 Pb 污染的主要原因（张银晓等，2018）。需要注意的是，七星河湿地积雪中 Zn 的浓度明显高于乌鲁木齐市的新降雪与积雪（王镜然等，2020），甚至高于哈尔滨市区（表 5-1），这表明七星河湿地积雪中 Zn 浓度主要受本地排放源影响。此外，七星河湿地积雪中 Cr 的浓度明显高于乌鲁木齐市的新降雪，但低于乌鲁木齐市的积雪样品（$p<0.01$），积雪作为一种开放的环境介质，很可能受到周边环境的二次污染，相比于新降雪其污染物的组分、来源和分布等方面都存在一定差异。

表 5-1　七星河湿地与其他区域积雪中重金属浓度的对比情况　　单位：μg/L

研究对象	类型	浓度						出处
		Cu	Cr	Zn	Pb	Ni	Cd	
七星河湿地	积雪	6.19	11.97	103.46	13.08	9.55	0.55	本书
哈尔滨市市区	积雪	56.86	41.14	62.00	42.74	9.60	1.50	
哈尔滨市郊区	积雪	36.50	27.66	35.13	16.55	8.10	0.79	崔嵩等，2019
哈尔滨市农村	积雪	20.33	18.00	51.67	23.67	4.13	0.57	
乌鲁木齐市	新降雪	16.38	9.88	61.73	53.24	36.89	3.28	王镜然等，2020
	积雪	17.81	17.71	76.64	67.63	60.44	9.33	
东北地区（城市区域范围）	新降雪	161.39	51.12	88.59	1428.4	51.73	0.66	Xue et al.，2020
东北地区（远离城市区域范围）	新降雪	0.8~16.7	0.6~1.6	14~110	1.3~10.5	1.3~3.9	0.04~0.57	Wang et al.，2015
青藏高原	积雪	BDL~1.23	BDL~0.30	BDL~179.62	BDL~1.48	BDL~1.29	—	Pu et al.，2021

注：BDL 代表低于检测限；—代表数据未获取。

5.3　重金属污染程度

通常，赋存在积雪中的污染物会随其消融而向大气、水体和土壤中释放和迁移，从而对大气、水体和土壤环境质量产生不利影响（崔嵩等，2019；Cui et al.，2019）。此外，积雪在融化过程中还会携带部分地表污染物，使得融雪径流对土壤和水体的潜在污染影响更大。为了进一步分析七星河湿地积雪中重金属的污染水平，本章将其与《地表水环境质量标准》（GB 3838—2002）进行了对比。由表 5-2可知，Cu、Ni 和 Cd 的浓度并未超过Ⅰ类标准限值，Cr 和 Zn 的浓度介于Ⅰ类和Ⅱ类水质标准限值之间，但 Pb 的浓度超过了Ⅱ类标准限值，其是否会对湿地内部水生动植物的生长和繁殖产生影响还需进一步研究。

表 5-2　七星河湿地积雪中 6 种重金属浓度与地表水环境质量标准比较　单位：μg/L

重金属	地表水环境质量标准限值					平均值±标准差
	Ⅰ类	Ⅱ类	Ⅲ类	Ⅳ类	Ⅴ类	
Cu	10	1000	1000	1000	1000	6.19 ± 1.79

续表

重金属	地表水环境质量标准限值					平均值±标准差
	I 类	II 类	III 类	IV 类	V 类	
Cr	10	50	50	50	100	11.97 ± 2.82
Zn	50	1000	1000	2000	2000	103.46 ± 39.16
Pb	10	10	50	50	100	13.08 ± 4.99
Ni	20	20	20	20	20	9.55 ± 4.96
Cd	1	5	5	5	10	0.55 ± 0.25

综合污染水质指数（WQI）的计算结果表明（图 5-3），七星河湿地积雪中重金属的 WQI 范围为 0.61～1.57，其中 61%的积雪采样点处于"清洁"水平，其余采样点均属"低污染"水平，这表明七星河湿地积雪重金属污染整体较轻。但七星河湿地积雪的 WQI 值明显高于水体（$p < 0.05$），这表明大气沉降同样是七星河湿地重金属污染的主要来源。6 种重金属对 WQI 的贡献由高到低依次为 Zn > Pb > Cr > Cu > Cd > Ni，其贡献率分别为 33.28%、21.03%、19.26%、9.95%、8.80%和 7.68%。与水体相比，积雪中 Pb 对 WQI 的贡献提升了 1.2 倍，再一次证实了大气沉降输入是七星河湿地 Pb 的重要来源，这与 Peng 等（2019）对我国农业区土壤中 Pb 输入通量的研究结果一致。

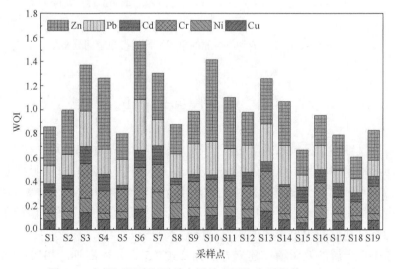

图 5-3　七星河湿地积雪重金属综合污染水质指数（WQI）

单因子污染指数的计算结果表明（图 5-4），积雪中 Zn 为"中等污染"水平，其单因子污染指数的平均值为 2.07，特别是采样点 S4 和 S10，已达到"高污染"水平，其单因子污染指数分别为 3.54 和 4.07。虽然 Zn 是动植物生长发育所必不可少的微量元素，但鉴于其污染等级较高，仍需特别关注。此外，超过 70%采样点处的 Cr 和 Pb 处于"低污染"水平（S6 处的 Pb 污染已达到"中等污染"水平），同时积雪中 Zn、Cr 和 Pb 存在明显的相关性（$p < 0.05$），这表明其污染来源可能相似。其他 3 种重金属元素的单因子污染指数均小于 1，表明七星河湿地的大气环境并未受到 Cu、Ni 和 Cd 的较大影响。

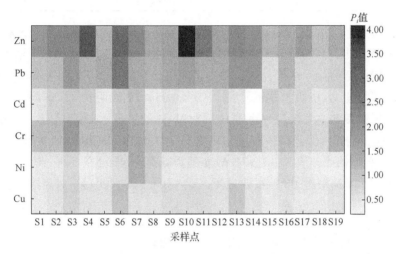

图 5-4　积雪中 6 种重金属的单因子污染指数空间分布

5.4　重金属残留清单

积雪不仅参与了区域水循环过程，同时也可能对区域生态环境质量产生影响，与七星河湿地水体样品中重金属的浓度相比，积雪中重金属的浓度明显更高（$p < 0.05$），这表明积雪作为冬季相对稳定的环境介质能够累积污染物，融雪期赋存其中的重金属将会对湿地水环境质量产生一定影响。积雪中重金属残留清单的建立可以较为充分地反映出重金属的大气沉降输入通量。

积雪中重金属的残留清单建立方法见公式（5-1）（崔嵩等，2019；Cui et al.，2016）：

$$I = C_i dA\rho_s / \rho_w k \tag{5-1}$$

式中，I 为积雪中重金属的残留量，$\mu g/m^2$；C_i 为积雪中重金属元素 i 的浓度，$\mu g/L$；d 为积雪深度，m；A 为单位面积，m^2；ρ_s 为积雪密度，kg/m^3；ρ_w 为融雪水密度，近似取 1kg/L；k 为单位转化因子，m^2。七星河湿地各采样点处积雪的深度与密度见表 5-3。

表 5-3　七星河湿地积雪的深度与密度

采样点	深度/m	密度/（kg/m³）
S1	0.14	188.75
S2	0.18	220.34
S3	0.07	153.38
S4	0.19	165.93
S5	0.15	164.19
S6	0.05	179.54
S7	0.10	216.79
S8	0.13	140.84
S9	0.07	161.50
S10	0.08	152.36
S11	0.06	174.11
S12	0.09	168.57
S13	0.06	166.62
S14	0.16	166.68
S15	0.20	221.16
S16	0.13	328.42
S17	0.16	221.59
S18	0.20	252.62
S19	0.15	182.80

七星河湿地各重金属元素的残留量（$\mu g/m^2$）由高到低依次为 Zn（2313.57 ± 1194.67）＞Pb（275.35 ± 111.91）＞Cr（266.56 ± 109.02）＞Ni（216.69 ± 139.24）＞Cu（134.41 ± 52.68）＞Cd（13.91 ± 10.45），重金属残留量的变异系数分别 0.52、0.41、0.41、0.64、0.39 和 0.75，明显高于积雪重金属浓度的变异系数（$p < 0.05$），

这主要是因为积雪中重金属的残留量不仅受到污染排放源的影响，还与积雪的深度和密度有关。七星河湿地积雪中重金属的残留量与积雪深度显著相关（表5-4），积雪的深度通常与太阳辐射、潜热和对流能等影响因素有关（崔嵩等，2019），同时还受到植被盖度（密度）的影响。刘宝河（2017）的研究表明，植被盖度增加，对风雪的阻力也随之加大，进而导致地表积雪的搬运过程转变为积雪的沉积。湿地地势开阔，冬季风雪流盛行，地表积雪在风力的作用下会发生再分配，与湿地明水面区域相比（S5~S8），湿地缓冲区内部采样点（S15~S18）植被盖度（密度）较大，导致地表积雪厚度分布极不均匀，湿地缓冲区积雪深度明显大于其他区域（$p < 0.05$，表5-3），进而使缓冲区积雪重金属残留量明显高于其他区域（$p < 0.05$，图5-5）。

表5-4　七星河湿地重金属残留量与积雪深度的相关性

	Cu	Ni	Cr	Cd	Pb	Zn	积雪深度
Cu	1						
Ni	0.648**	1					
Cr	0.901**	0.641**	1				
Cd	0.790**	0.622**	0.723**	1			
Pb	0.793**	0.522*	0.829**	0.444	1		
Zn	0.691**	0.397	0.746**	0.704**	0.666**	1	
积雪深度	0.743**	0.338	0.767**	0.684**	0.594**	0.721**	1

注：**代表显著性水平为$p < 0.01$（双侧）；*代表显著性水平为$p < 0.05$（双侧）。

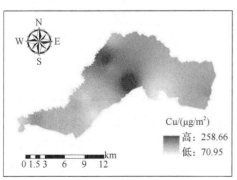

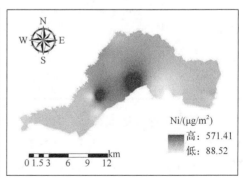

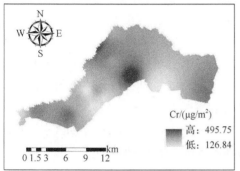
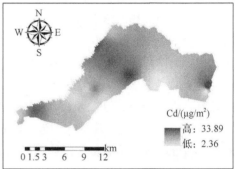
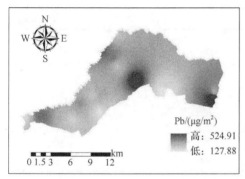
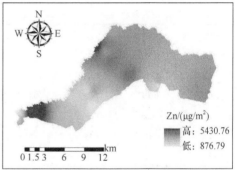

图 5-5　七星河湿地 6 种重金属残留量的空间分布

　　长期农垦开发导致有限的水资源被大量侵占，加之全球气候变化的影响，致使湿地水源的补给越来越有限（Shifflett et al.，2019）。融雪水在干旱和半干旱地区有着非常重要的应用价值，三江平原年降雪量在 40～80mm，充分利用融雪水将会是改善湿地水源补给匮乏的有效手段（Zou et al.，2018），但首先要明确其潜在风险。根据七星河湿地各采样点的积雪深度与密度（表 5-3），在不考虑积雪的升华与蒸发的前提下，七星河湿地冬季降雪可为湿地内部提供水量 472.6 万±45.4 万 m^3，同时积雪中赋存的 Cu、Cr、Ni、Pb、Cd 和 Zn 输入量分别为（26.88 ± 10.54）kg、（53.31 ± 21.80）kg、（43.34 ± 27.85）kg、（55.07 ± 22.38）kg、（2.78 ± 2.09）kg 和（462.71 ± 238.93）kg。积雪样品中 Cr、Cu、Pb 和 Zn 浓度之间存在显著相关性（表 5-5），表明其存在相似的来源。张银晓等（2018）的研究表明 Zn 和 Pb 在民用燃煤排放的重金属中占主导地位。同时，煤炭开采过程中会造成严重的粉尘污染，并附着大量的 Cu、Pb 和 Zn，Pearson 相关分析表明 Cr、Cu、Pb 和 Zn 浓度与积雪中颗粒物的浓度显著相关。同时，双鸭山市作为黑龙江省典型的煤炭资源城市，煤炭资源分布相对集中，主要分布于双鸭山、宝清和七星河等煤盆地（隋昕彤等，2013），因此七星河湿地积雪中的 Cr、Cu、Pb 和 Zn 来源很可能与周边煤炭的开采和冬季燃煤供暖有关。然而，积雪中 Cd 的浓度与积雪颗粒物浓度无显著相关性（表 5-5），这表明积雪中的 Cd 可能主要以溶解态形式存在，Bohdálková 等（2020）的研究也发现降水中近 94% 的 Cd 以溶解态形式存在，因此 Cd 还可能来源于临近地区的跨界传输，如受工业源和交通源排放的影响。

表 5-5　七星河湿地积雪中重金属浓度和颗粒物浓度间的相关性

	Cu	Ni	Cr	Cd	Pb	Zn	颗粒物浓度
Cu	1						
Ni	0.235	1					
Cr	0.791**	0.310	1				
Cd	0.107	0.363	0.057	1			
Pb	0.865**	0.191	0.798**	-0.049	1		
Zn	0.463*	0.047	0.512*	0.090	0.516*	1	
颗粒物浓度	0.883**	-0.039	0.684**	-0.042	0.817**	0.487*	1

注：**代表显著性水平为 $p < 0.01$（双侧）；*代表显著性水平为 $p < 0.05$（双侧）。

5.5　本章小结

本章以我国高寒地区典型湿地生态系统为例，揭示了积雪中重金属的污染特征，建立了积雪中重金属的残留清单。研究结果表明，积雪可作为用于研究高寒地区大气重金属污染特征的有效环境介质，七星河湿地积雪整体处于"清洁"或"低污染"状态，Zn、Pb 和 Cr 对污染的贡献较大。此外，积雪中 Cu、Cr、Pb 和 Zn 可能共同受到周边的生物质燃烧、煤炭开采及燃煤供暖的影响，冬季重金属大气沉降输入是湿地重金属污染的重要来源。在不考虑蒸发与升华的前提下，冬季降雪会向湿地补充水量 472.6 万 ± 45.4 万 m^3，但同时也会导致 Cu、Cr、Ni、Pb、Cd 和 Zn 输入量的增加。虽然融雪水资源的利用在干旱和半干旱地区极为重要，但前提是必须识别其潜在风险，而积雪中重金属残留清单的研究则为进一步了解融雪期重金属的迁移及区域尺度湿地生态系统重金属输入通量的估算提供了参考。

参 考 文 献

崔嵩, 李昆阳, 付强, 等, 2019. 哈尔滨市积雪中重金属污染特征分析与清单估算[J]. 应用基础与工程科学学报, 27(6): 1248-1257.

刘宝河, 2017. 锡林郭勒典型草原区积雪过程与风雪流研究[D]. 呼和浩特: 内蒙古农业大学.

刘凤玲, 卢霞, 吴梦龙, 等, 2014. 南京大气细粒子中重金属污染特征及来源解析[J]. 环境工程学报, 8(2): 652-658.

隋昕彤, 2013. 双鸭山市矿产资源经济可持续发展对策研究[J]. 边疆经济与文化(1): 30-31.

王镜然, 帕丽达•牙合甫, 2020. 降雪和积雪中重金属的污染状况与来源解析——以乌鲁木齐市 2017 年初数据为例[J]. 环境保护科学, 46(1): 147-154.

张银晓, 卢春颖, 张剑, 等, 2018. 民用燃煤排放细颗粒中金属元素排放特征及单颗粒分析[J]. 中国环境科学, 38(9): 3273-3279.

BOHDÁLKOVÁ L, NOVÁK M, KRACHLER M, et al., 2020. Cadmium contents of vertically and horizontally deposited winter precipitation in Central Europe: Spatial distribution and long-term trends[J]. Environmental Pollution, 265: 114949.

CUI S, FU Q, LI Y F, et al., 2016. Levels, congener profile and inventory of polychlorinated biphenyls in sediment from the Songhua River in the vicinity of cement plant, China: A case study[J]. Environmental Science and Pollution Research, 23(16): 15952-15962.

CUI S, SONG Z H, ZHANG L M, et al., 2019. Polycyclic aromatic hydrocarbons in fresh snow in the city of Harbin in northeast China[J]. Atmospheric Environment, 215: 116915.

MUROZUMI M, CHOW T J, PATTERSON C, 1969. Chemical concentrations of pollutant lead aerosols, terrestrial dusts and sea salts in Greenland and Antarctic snow strata[J]. Geochimica et Cosmochimica Acta, 33(10): 1247-1294.

PAUL D, 2017. Research on heavy metal pollution of river Ganga: A review[J]. Annals of Agrarian Science, 15(2): 278-286.

PENG H, CHEN Y L, WENG L P, et al., 2019. Comparisons of heavy metal input inventory in agricultural soils in North and South China: A review[J]. Science of the Total Environment, 660: 776-786.

PU T, KONG Y L, KANG S C, et al., 2021. New insights into trace elements in the water cycle of a karst-dominated glacierized region, Southeast Tibetan Plateau[J]. Science of the Total Environment, 751: 141725.

RAYNOR G S, HAYES J V, 1982. Differential rain and snow scavenging efficiency implied by ionic concentration differences in winter precipitation[R]. New York: Brookhaven National Lab.

SANSALONE J, BUCHBERGER S, 1996. Characterization of metals and solids in urban highway winter snow and spring rainfall-runoff[J]. Transportation Research Record: Journal of the Transportation Research Board, 1523(1): 147-159.

SHIFFLETT S D, SCHUBAUER-BERIGAN J, 2019. Assessing the risk of utilizing tidal coastal wetlands for wastewater management[J]. Journal of Environmental Management, 236: 269-279.

TAIWO A M, HARRISON R M, SHI Z B, 2014. A review of receptor modelling of industrially emitted particulate matter[J]. Atmospheric Environment, 97: 109-120.

WANG X, PU W, ZHANG X Y, et al., 2015. Water-soluble ions and trace elements in surface snow and their potential source regions across northeastern China[J]. Atmospheric Environment, 114: 57-65.

WESTERLUND C, VIKLANDER M, 2006. Particles and associated metals in road runoff during snowmelt and rainfall[J]. Science of the Total Environment, 362(1-3): 143-156.

World Water Assessment Programme, 2012. The United Nations World Water Development Report 4: Managing Water under Uncertainty and Risk[R]. UNESCO.

XIA X Q, YANG Z F, CUI Y J, et al., 2014. Soil heavy metal concentrations and their typical input and output fluxes on the southern Song-Nen Plain, Heilongjiang Province, China[J]. Journal of Geochemical Exploration, 139: 85-96.

XUE H H, CHEN W L, LI M, et al., 2020. Assessment of major ions and trace elements in snow: A case study across northeastern China, 2017-2018[J]. Chemosphere, 251: 126328.

ZHANG F X, CUI S, GAO S, et al., 2020. Heavy metals exposure risk to Eurasian Spoonbill (*Platalea leucorodia*) in wetland ecosystem, Northeast China[J]. Ecological Engineering, 157: 105993.

ZOU Y C, DUAN X, XUE Z S, et al., 2018. Water use conflict between wetland and agriculture[J]. Journal of Environmental Management, 224: 140-146.

第6章

河沼系统重金属污染生态风险与暴露风险评估

　　水环境污染风险主要由自然或人为因素所导致，并能够以水环境为传播介质进行传递和扩散，进而对人体健康、社会经济、生态系统等产生不良影响（胡二邦，2009）。按风险承受对象的不同可分为人群风险与生态风险等（白志鹏等，2009）。水环境污染风险具有一定隐蔽性，所产生的严重环境后果和生态效应需经过较长时间的累积才可被识别。此外，针对同一种环境风险，采用不同的风险评价模型可能得到不同评价结论，因此本章将采用多种评价方法/模型联合使用的方式以满足对环境/健康风险的全面评估。

　　生态环境风险评价是政府开展环境管理的科学基础和重要依据，也是提升公众环保意识与改善环境质量的基础。早在 1990 年，国家环境保护局（现生态环境部）下发的第 057 号文件就明确提出要对重大环境污染事故隐患进行环境风险评价。在我国水环境问题日益突出的背景下，水环境风险评价已成为一项亟需开展的重要工作。为此，本章所涉及的风险评价主体主要包括人体/野生动物的健康风险和区域环境污染的生态风险，即评估有毒有害污染物对人体和野生动物的健康以及对生态系统的影响程度，并提出降低水环境污染风险的对策和方案。

6.1　生态风险评估

6.1.1　水体中重金属生态风险

　　潜在生态风险指数法最早由 Hakanson（1980）提出，综合考虑污染物的生物毒性以及污染物浓度与环境背景值的差异程度，被广泛应用于评估沉积物中由一种或多种生态因素引起的潜在风险，目前也被应用于水体重金属污染的生态风险识别（Vu et al.，2017；Sharifi et al.，2016）。考虑到七星河湿地是众多珍稀水生生物的栖息和繁殖基地，因此本章选用加拿大环境部长理事会制定的水生生物允许限值（AWPL）作为参考限值计算水体中各重金属元素的单因子潜在生态风险指数（E_r）。由图6-1可知，水体重金属污染潜在生态风险指数（RI）在8.2～39.8，平均值为20.0，明显低于"低生态风险"的上阈值（RI=55），表明七星河湿地水体重金属污染潜在生态风险水平较低。水体中重金属的单因子潜在生态风险指数由高到低依次为：Cr（7.0）＞Zn（3.9）＞Cu（3.5）＞Cd（2.9）＞Pb（2.7）＞Ni（0.1）。其中Cr对风险的贡献率达到了35%，但水体中Cr的浓度并未超过《地表水环境质量标准》（GB 3838—2002）Ⅰ类水质标准限值，这表明水生生物对Cr污染的反应较为敏感，即使处于清洁或低污染状态下的Cr仍可能会对水生生物产生不良影响，因此应特别关注湿地水环境中Cr引起的生态风险问题。

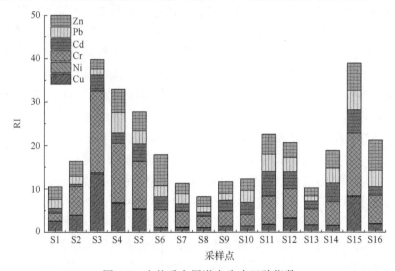

图6-1　水体重金属潜在生态风险指数

6.1.2　沉积物中重金属生态风险

沉积物中6种重金属的平均单因子潜在生态风险指数（E_r）由高到低依次为Cd（55.5）＞Ni（8.4）＞Cu（5.8）＞Pb（4.2）＞Zn（3.9）＞Cr（2.7）。除Cd污染处于"中风险"水平外，其他重金属污染均属于"低风险"水平。虽然各采样点处Zn的浓度最高，但并不会对七星河湿地产生严重影响，然而Cd在所有采样点处的浓度最低，但其对潜在生态风险（RI）的贡献率达到了69%（各重金属元素对RI的贡献率见图6-2）。这主要是因为在所研究的6种目标污染物中Zn的毒性反应系数最小（$T_{ref} = 1$），而 Cd 的毒性反应系数（$T_{ref} = 30$）是 Zn 的 30 倍。
RI 的计算结果表明（图 6-3），七星河湿地各采样点 RI 的平均值为 80.6，表明七星河湿地整体处于"中风险"水平，特别是 S10 处的潜在生态风险已达到"高风险"水平（$RI = 130.7$）。

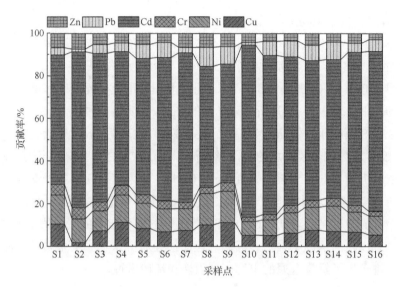

图 6-2　各采样点 6 种重金属对潜在生态风险指数的贡献率

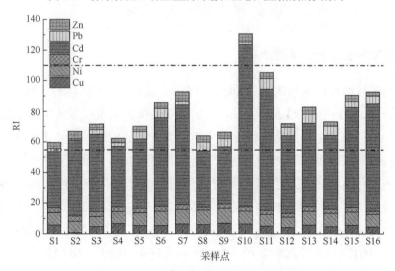

图 6-3　沉积物重金属潜在生态风险指数

为了进一步分析沉积物中的重金属所产生"不良影响"的发生频率,本节还将沉积物中重金属的含量与加拿大环境部长理事会(Canadian Council of Ministers of the Environment,1999)所制定的沉积物质量指南(Sediment Quality Guidelines,SQG)进行了对比。SQG 包括一个下限值(SQG-L)和一个上限值(SQG-H)(Vu et al.,2017)。当污染物浓度低于 SQG-L 时,不良影响"很少发生";当污染物浓度介于 SGQ-L 和 SQG-H 之间时,不良影响"偶尔发生";当污染物浓度超过 SQG-H 时,不良影响"经常发生"(Lin et al.,2016)。结果表明 Cu、Cd 和 Pb 的浓度均明显低于 SQG-L($p < 0.05$),表明以上 3 种重金属元素对底栖生物产生的不良影响"很少发生"。但是所有采样点的 Zn 浓度明显超过了 SQG-L($p<0.01$),尤其是 S2、S7 和 S10 的 Zn 浓度超过了 SQG-H,这表明 Zn 对底栖生物产生的不良影响"经常发生"。需要注意的是,虽然所有采样点 Cr 的浓度均已超过了 SQG-L,但是其浓度仍明显低于土壤基线值($p < 0.05$),这表明即使暴露于低污染或天然浓度下的 Cr 污染环境中可能仍会对水生生物产生不良影响。然而,单因子潜在生态风险指数的计算结果表明,Cr 单因子潜在生态风险指数的平均值仅为 2.7,其对潜在生态风险的贡献率最低。因此,还应加强对沉积物中重金属赋存形态的相关研究,进一步了解重金属的生物可利用性和环境毒性。

6.2　重金属生物富集及影响评估

6.2.1　野生鱼类重金属浓度水平

在七星河湿地所采集的葛氏鲈塘鳢(*Perccottus glenii*)、湖鲅(*Rhynchocypris percnurus*)、北方花鳅(*Cobitis granoei*)3 种常见鱼类的重金属浓度范围见表 6-1。为分析野生鱼类重金属的富集情况,采集鱼类样品的同时,同步进行了水体和沉积物样品的采集,其具体浓度情况见表 6-1。所采集的 3 种鱼类样品中,葛氏鲈塘鳢和北方花鳅为淡水底栖鱼类,其食性分别为肉食性和杂食性,湖鲅为中上层杂食性鱼类(闫姿伶等,2020;郭贵良等,2016),所采集的鱼类样本量均大于 10 条。由表 6-1 可知,北方花鳅重金属的浓度(mg/kg,干重)范围分别为 Cu(2.14～3.09)、Ni(BDL～1.42)、Cr(2.70～7.13)、Cd(0.09～0.12)、Zn(138.51～176.73);葛氏鲈塘鳢重金属的浓度(mg/kg,干重)范围分别为 Cu(0.43～4.75)、Ni(BDL～

0.20）、Cr（4.03～5.63）、Cd（0.06～0.09）、Zn（89.91～107.23）；湖鲹重金属的浓度（mg/kg，干重）范围分别为 Cu（1.94～3.37）、Ni（BDL～3.41）、Cr（4.01～5.93）、Cd（0.05～0.07）、Zn（104.71～139.01）。所有鱼类样品中均可检出 Zn、Cu、Cr 和 Cd，但是 Ni 的检出率仅为 41%，其中葛氏鲈塘鳢并未检出 Ni，湖鲹和北方花鳅 Ni 的检出率分别为 33% 和 80%。3 种鱼类重金属的平均浓度排序情况为 Zn > Cr > Cu > Cd > Ni。由于以上 3 种鱼类均为当地居民的食用鱼类，因此我们将其体内的重金属浓度与《无公害食品　水产品中有毒有害物质限量》（NY 5073—2006）中的限量进行了对比。由于本章中鱼体内重金属的浓度均以干重表示，因此采用了 Rahman 等（2012）给出的换算因子"4.8"转换为湿重浓度。结果表明，3 种鱼类重金属的浓度均明显低于相应的浓度限值（$p < 0.05$），满足食用标准。

表 6-1　七星河湿地野生鱼体中重金属的浓度统计

	沉积物/（mg/kg）	水体/（μg/L）	鱼类/（mg/kg）		
			北方花鳅	葛氏鲈塘鳢	湖鲹
Cu	17.98～29.70	1.40～10.72	2.14～3.09	0.43～4.75	1.94～3.37
Cr	61.19～132.01	1.61～8.91	2.70～7.13	4.03～5.63	4.01～5.93
Cd	0.13～0.39	0.04～0.17	0.09～0.12	0.06～0.09	0.05～0.07
Ni	20.19～113.46	1.44～8.76	BDL～1.42	BDL～0.20	BDL～3.41
Zn	103.77～166.20	8.62～64.75	138.51～176.73	89.91～107.23	104.71～139.01

注：BDL 代表低于检测限；所有鱼类样品重金属浓度均为干重下的浓度。

除北方花鳅 Zn 和 Cd 浓度明显高于湖鲹和葛氏鲈塘鳢外（$p < 0.05$），其他重金属浓度在这 3 种鱼类间无明显差异（图 6-4）。但从平均浓度来看，3 种鱼类 Cu 和 Cd 的平均浓度由高到低依次为北方花鳅 > 葛氏鲈塘鳢 > 湖鲹；而 Zn 和 Cr 的平均浓度由高到低依次为北方花鳅 > 湖鲹 > 葛氏鲈塘鳢。从整体来看，北方花鳅（底栖杂食性鱼类）重金属浓度相对较高。除 Ni 和 Cu 外，其他 3 种重金属浓度明显高于我国东北地区的淡水产品（Fu et al.，2019）（$p < 0.01$），这主要是因为本书测定了整条鱼类样品中的重金属浓度，Fu 等（2019）仅测定了肌肉中的重金属浓度，而重金属在鱼类不同组织、器官中浓度存在明显差异，头部和肝脏

等器官中重金属浓度较高，而肌肉中浓度一般较低（Djikanovic et al.，2018）。此外，这还可能与目标鱼类的食性差异和栖息环境有关，本书中底栖鱼类的重金属浓度相对较高，这与余杨等（2013）对重金属食物链放大效应的研究结果一致，底栖杂食性鱼类主要摄食螺、虾、幼虫等底栖生物或有机碎屑，这类物质往往重金属浓度较高。而与食性相近的长江上游野生鱼类相比（Yi et al.，2017），本书鱼类样品中重金属浓度明显偏低（$p < 0.01$），该差异主要是由长江上游沉积物中重金属浓度明显高于七星河湿地造成的，这表明鱼类重金属的浓度水平不仅可在一定程度上反映出栖息环境的污染状况，也可以作为水环境质量的预警指标。

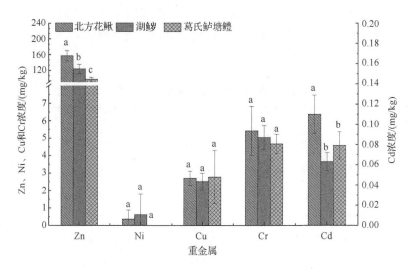

图 6-4　七星河湿地野生鱼类重金属浓度（标有不同字母者表示组间存在显著性差异）

6.2.2　水生生物不良影响评估

根据重金属风险指数［公式（2-23）和公式（2-24）］的计算结果，水体中 5 种重金属单因子污染风险指数（CF）的平均值由高到低依次为 Cr > Zn > Cu > Cd > Ni［图 6-5（a）］。除 Cr 处于"高风险"等级外，其他重金属可造成的风险较低（CF < 1）。鉴于 Cr^{6+} 的生物毒性明显高于 Cr^{3+}（Zhou et al.，2019），考虑如何防止 Cr^{3+} 向 Cr^{6+} 的转化将会是降低 Cr 对水生生物不利影响的关键。同时，CF 的最大值均出现在七星河汇入湿地处，其中 Cu 和 Zn 处于"高风险"等

级，而 Cr 处于"严重风险"等级。沉积物中 Cr、Cu 和 Cd 的风险等级与水体相同 [图 6-5 (b)]，但 70% 以上采样点处的 Zn 达到了"中风险"等级，这表明 Zn 造成不良影响的发生频率较高（Vu et al.，2017）。此外，沉积物中 Cd 的 CF 值明显高于水体（$p < 0.05$），虽然不会引起较高风险（CF < 1），但由于其具有较强的毒性且在鱼体内的累积程度较高，仍应引起高度重视。湿地水体和沉积物中重金属的综合污染对水生生物的影响较小，均处于"低风险"等级（PLI < 1）。但沉积物的 PLI 值明显高于水体（$p < 0.05$），这主要是因为沉积物是水环境中重金属的稳

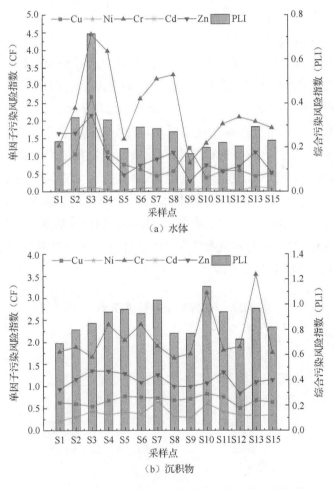

（a）水体

（b）沉积物

图 6-5　七星河湿地水体和沉积物重金属污染风险指数

定储存场所。而当环境条件改变时，沉积物还可转变为重金属的二次排放源（罗文磊等，2016），因此加强水环境中重金属的"源-汇"关系研究，将有利于进一步识别重金属对水生生物的影响过程机制。

6.2.3 生物富集水平评估

本节利用生物富集因子来评估不同鱼类体内重金属的富集程度，一般情况下，当生物富集因子大于 1 时，代表该生物体具有富集化学品的潜力。七星河湿地 3 种常见鱼类生物-水体富集因子（BWAF）和生物-沉积物富集因子（BSAF）见图 6-6。根据 BSAF 的计算结果 [图 6-6（a）] 可知，3 种鱼类的平均 BSAF 值由高到低依次为 Zn > Cd > Cu > Cr > Ni，仅 Zn 在北方花鳅中达到了"中等富集"水平，其他重金属均处于"低富集"状态，并且北方花鳅 Cr 和 Cd 的 BSAF 值高于葛氏鲈塘鳢和湖鲹，这主要是与北方花鳅的栖息环境和食性有关，以北方花鳅等为代表的底栖生活鱼类常在淤泥中活动，食物来源大多以富含重金属的无脊椎动物和腐殖物为主，该类生物常作为反映沉积物重金属污染的指示性物种（Diop et al.，2015）。虽然北方花鳅 Ni 的 BSAF 值低于湖鲹，但是北方花鳅 Ni 的检出率超过湖鲹 2 倍以上，因此仅根据 BSAF 值并不能说明湖鲹对 Ni 的富集能力高于北方花鳅。同 BSAF 的评估结果类似，BWAF 的评价结果显示 [图 6-6（b）]，湖鲹和葛氏鲈塘鳢中 Zn 的富集水平为"中等富集"，而北方花鳅对 Zn 元素的富集则是达到了"高富集"水平。

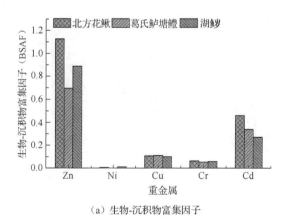

（a）生物-沉积物富集因子

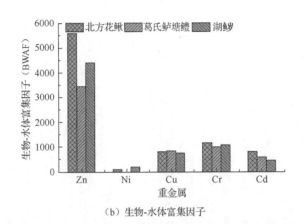

（b）生物-水体富集因子

图 6-6　七星河湿地鱼类重金属生物-沉积物富集因子与生物-水体富集因子

从整体来看，Zn 的富集因子明显高于其他重金属（$p < 0.01$），Zn 是生物酶系统的基本组成成分，在鱼类的肝肾及性腺中均可检测到较高的浓度（Djikanovic et al.，2018），同时 Zn 也是代谢所必需的微量元素，Zn 元素的缺乏可能会导致衰老、疾病或体内平衡失调（Kertész et al.，2003）。然而，可能会对水生生物产生严重不良影响的 Cr 却处于"低富集"水平，这主要是与鱼类对重金属的富集能力有关。此外，本节是基于重金属总量进行的风险评价，而可交换态重金属更容易被生物所吸收、利用与富集（Xia et al.，2020）。因此，针对 BSAF 和 SQG 的评价差异，本节还采用 Tessier 五步连续提取法分析了 Zn 和 Cr 在沉积物中不同形态的浓度。由图 6-7 可知，沉积物中 Cr 的可交换态（F1）、碳酸盐结合态（F2）和铁锰氧化态（F3）的浓度总和占总量的 1.4%～3.8%，而 Zn 的可交换态（F1）、碳酸盐结合态（F2）和铁锰氧化态（F3）的浓度总和占总量的 2.3%～15.3%，明显高于 Cr（$p < 0.05$）。重金属的生物有效性与重金属的形态密切相关，通常认为 Tessier 五步连续提取法中的前 3 级（F1～F3）重金属更易被生物所吸收和富集（Diop et al.，2015），这进一步解释了为何 Cr 所引起的生态风险较高，但其在鱼体内的富集水平却明显低于 Zn。此外，应用富集因子［EF，公式（2-16）］，也进一步证实了沉积物中 Cr 的浓度受人为活动影响较小，其整体处于"无污染"水平（EF < 1.5）。

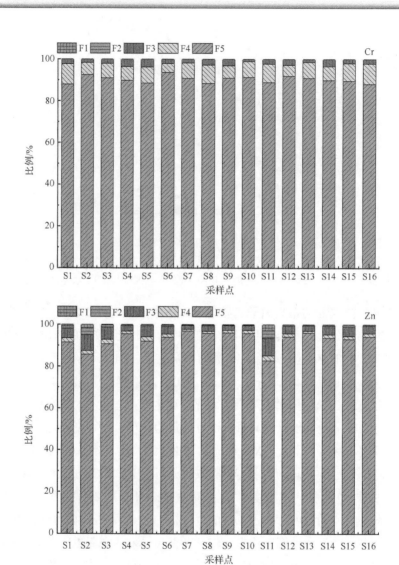

图6-7　七星河湿地沉积物中不同形态重金属浓度占总量的百分比

6.3　人体健康风险评估

本章主要通过比较重金属的日摄入量和耐受剂量来定量评估由水产品消费引起的非致癌风险和致癌风险。重金属目标危害熵（THQ）由高到低依次为 Cr > Zn >

Cd > Cu > Ni（表 6-2），所有重金属的 THQ 值均小于 1，表明食用七星河湿地的野生鱼类并不会产生非致癌风险。复合重金属暴露危害指数（HI）的计算结果表明，食用北方花鳅所引起的健康风险高于葛氏鲈塘鳢和湖鲅，但仍在安全限值之内（HI < 1），其中 Cr 对 HI 的贡献率超过了 70%。从水体和沉积物中的 Cr 均处于"高风险"等级的评价结果来看，区域重金属污染引起的潜在风险可通过食物链进行传递，进而影响人体健康，表明野生鱼类可作为连接环境污染与人体健康间的重要载体。同时，深入探寻鱼类从水体与沉积物中吸收重金属元素的过程及影响机制，还可进一步揭示区域环境污染的风险传递效应。但需要注意的是，虽然鱼体中 Cd 的浓度低于《无公害食品　水产品中有毒有害物质限量》（NY 5073—2006）相应的标准限值，但是食用这 3 种鱼类所引起的癌症风险均超过了风险阈值（CR > 10^{-5}），这主要是因为 CR 的计算过程中考虑了低剂量长期暴露因素。这进一步突出了对农业区湿地 Cd 污染控制的重要性，农业生产的优化与控制对降低鱼类消费者的癌症风险将起到关键作用。此外，本节中健康风险评估是基于假定鱼类消费所摄入的重金属可完全被人体吸收，因此可能存在高估健康风险的可能。但考虑到老人和儿童等抵御不良影响能力较弱的人群，这种基于最坏情况而进行的健康风险评估仍可对重金属污染起到良好的预警效果。

表 6-2　重金属目标危害熵（THQ）、危害指数（HI）和癌症风险指数（CR）

鱼类	THQ					HI	CR
	Zn	Ni	Cu	Cr	Cd		
北方花鳅	0.104	0.004	0.013	0.357	0.021	0.499	$1.34×10^{-4}$
葛氏鲈塘鳢	0.082	0.006	0.012	0.332	0.013	0.445	$7.88×10^{-5}$
湖鲅	0.064	—	0.014	0.307	0.016	0.401	$9.85×10^{-5}$

6.4　湿地候鸟重金属暴露风险评估

6.4.1　湿地夏候鸟重金属日暴露剂量

通常大型动物有着更大的食物和水的消耗量，但其新陈代谢速率却远低于小型动物，因此，小型动物可能具有较高的单位体重重金属日暴露剂量（Liu et al.，2015）。为此，本章选取了 3 个不同生育时期的白琵鹭作为研究对象，即生长速率最大的 12 日龄雏鸟、离巢初期的 30 日龄幼鸟以及大于 80 日龄的成鸟，已有研究根据逻辑斯谛模型预测出其体重分别为700g、1900g 和 2030g（柳劲松等，2003）。湿地鱼类作为白琵鹭的主要食物来源，约占白琵鹭食物总量的87.4%（柳劲松等，2003）。此外，湿地候鸟在捕食的过程中不可避免地会摄入湿地的水体和沉积物，本章基于公式（2-32）～公式（2-35）计算得出了白琵鹭通过水体、沉积物和野生鱼类摄入途径的单位体重重金属暴露剂量，其结果见图 6-8（由于鱼类样品 Pb 浓度并未检测，因此本章未分析七星河湿地夏候鸟Pb 的暴露风险）。

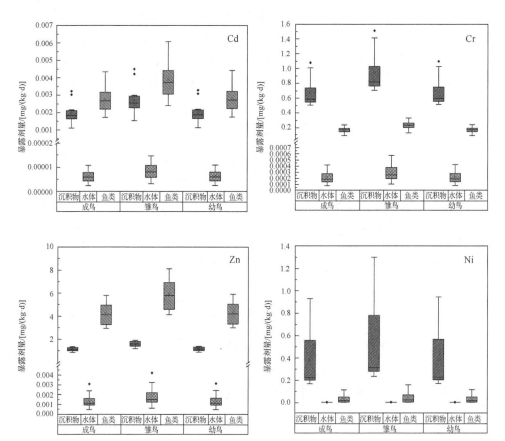

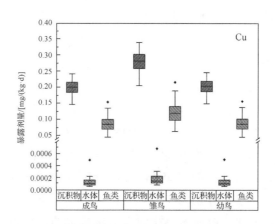

图 6-8　湿地候鸟水体、沉积物和鱼类摄入途径重金属暴露剂量

从整体来看，水体途径的重金属暴露剂量明显低于沉积物的摄入和捕食鱼类（$p < 0.01$），其暴露剂量相差 3～4 个数量级，故水体暴露途径可忽略不计。同时，雏鸟的暴露剂量明显高于幼鸟和成鸟（$p < 0.05$）。由图 6-8 可以看出，所有采样点 Cr 的暴露剂量均超过了重金属日耐受剂量（TDI），这与对比加拿大环境部长理事会所建立的沉积物质量指南（SQG）和水生生物允许限值（AWPL）的结果相符合，表明白琵鹭可能对 Cr 较为敏感。Sample 等（1996）对黑鸭暴露于 Cr 的毒理学实验指出，过量（> LOAEL）摄入 Cr 元素可能会导致雏鸭的存活率明显降低。七星河湿地作为我国白琵鹭的重要繁殖基地，应更加关注重金属暴露对雏鸟的影响。除 Zn 元素在部分采样点处雏鸟的暴露剂量超过 TDI 外，Zn、Cd 和 Ni 的暴露剂量均在可接受范围内（< TDI）。鉴于水体途径的重金属暴露风险明显低于沉积物和野生鱼类的摄入，且低于风险阈值（危害熵＝1）2～5 个数量级，表明水体途径所引起的重金属暴露风险可以忽略。此外，鱼类作为湿地候鸟（白琵鹭）的主要食物来源，无法以降低鱼类的摄入量作为降低重金属暴露风险的有效手段，考虑如何降低湿地候鸟捕食过程中接触和摄入沉积物的剂量或频率将会是降低重金属暴露风险的重要途径。

6.4.2　湿地夏候鸟单一重金属暴露风险

七星河湿地白琵鹭单一重金属元素危害熵（hazard quotients，HQ）见图 6-9。雏鸟的 HQ 值整体高于幼鸟和成鸟，表明白琵鹭雏鸟更易受到重金属的影响。5

种重金属对各生育时期白琵鹭的暴露风险由高到低依次为 Cr > Zn > Cu > Ni > Cd。这与表层沉积物重金属污染水平的研究结果差异较大，但与水生生物不良影响的评估结果相似，其原因主要与鸟类对重金属的耐受程度不同有关（Liu et al.，2015；Sample et al.，1996）。除暴露 Cr 和 Zn 存在风险外（HQ > 1），摄入其他 3 种重金属元素均无风险（HQ < 1）。其中，Cr 元素的暴露风险水平最高，属"高风险"等级（HQ > 3），雏鸟、幼鸟和成鸟的 HQ 值分别为 5.24、3.80 和 3.73。然而，I_{geo} 的计算结果表明 Zn 是造成七星河湿地重金属污染的主要元素，但由于其具有较大的 TDI 值，因此对白琵鹭仅构成"低风险"，其雏鸟、幼鸟和成鸟的 HQ 值分别为 1.71、1.24 和 1.22。虽然 Cd 为目标污染物中毒性最强的重金属元素，但在本书中对白琵鹭构成的风险最低，其主要原因是 Cd 的浓度明显低于其他 4 种重金属（$p < 0.01$），同时鸟类可能对 Cd 有更强的耐受能力。Sample 等（1996）对野鸭和小鼠 Cd 的暴露实验表明，野鸭的 TDI 值约为小鼠的 2 倍。因此，七星河湿地的 Cd 污染问题仍应受到重点关注，本书仅针对湿地重点保护鸟类白琵鹭进行了暴露风险评估，而其他物种的重金属暴露风险仍未知。

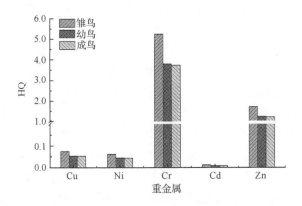

图 6-9　七星河湿地白琵鹭单一重金属暴露的平均危害熵

　　然而，湿地鱼类作为白琵鹭的主要食物来源，约占白琵鹭食物总量的 87.4%（柳劲松等，2003），但其对白琵鹭重金属暴露风险的贡献率仅为 6.77%~78.53%（图 6-10），而沉积物的摄入虽然仅占白琵鹭食物组成的 18%，但其对风险的贡献率达到了 21.45%~93.2%（图 6-10）。这主要是由于七星河湿地野生鱼类（北方花鳅、葛氏鲈塘鳢和湖鲅）的重金属生物富集水平较低，除 Zn 外其他 4 种重金属均处于"低富集"水平，但北方花鳅对 Zn 的富集水平达到了"中等富集"水平，因此鱼类摄入途径对 Zn 的暴露风险贡献率达到了 78.53%。

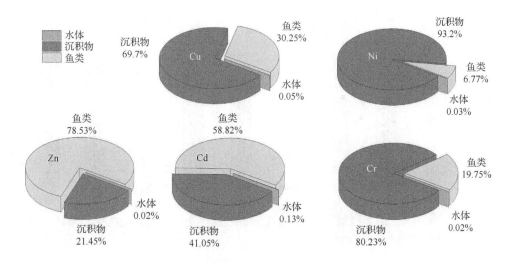

图 6-10　各暴露途径对危害熵（HQ）的贡献率

此外，底栖杂食性鱼类主要摄食螺、虾、幼虫等底栖生物或有机碎屑，这类物质往往具有较高的重金属浓度，因此白琵鹭捕食北方花鳅所引起的暴露风险明显高于葛氏鲈塘鳢和湖鲅（图 6-11）。加之鱼类对 Zn 的富集作用，Zn 元素已成为野生鱼类摄入途径引起暴露风险的主控影响因子。区域重金属污染引起的潜在风险可通过食物链进行传递，进而影响到湿地候鸟的健康生长，而野生鱼类则是连接环境污染与生物体健康间的重要载体。

沉积物的摄入是引起重金属暴露风险的主要途径，与大规模农垦开发前白琵鹭的重金属危害熵（HQ）相比（图 6-12），2018 年七星河湿地白琵鹭重金属暴露风险明显升高。以白琵鹭成鸟为例，大规模农垦开发后，白琵鹭 Cr 和 Zn 的暴露风险提升了近 50%，特别是农垦开发后沉积物中 Zn 的平均浓度已由 69mg/kg（李健等，1988）提高至 139mg/kg，加之湿地野生鱼类对 Zn 的累积与富集，Zn 污染问题已对白琵鹭构成了潜在威胁，特别是白琵鹭雏鸟的暴露风险已达到"中等风险"水平。

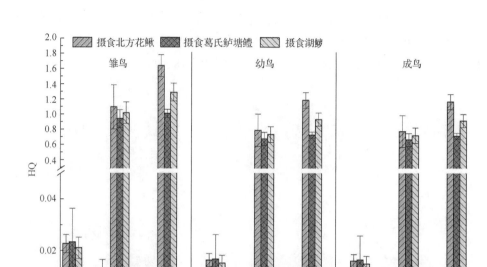

图 6-11　鱼类摄入途径的重金属暴露风险

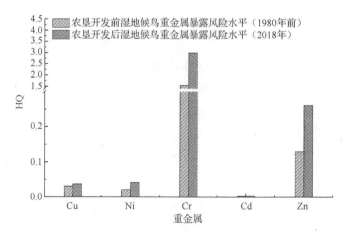

图 6-12　大规模农垦开发前后白琵鹭成鸟重金属暴露风险情况对比

6.4.3　湿地夏候鸟重金属综合暴露风险

与单一重金属元素相比，重金属复合污染往往会导致更高的毒性（Cobbina et al.，2015）。因此，本书参考 Nemerow（1974）提出的综合污染指数法，综合考虑了重金属危害熵的最大值和平均值，评估了七星河湿地重金属对白琵鹭的综合暴露风险。七星河湿地白琵鹭雏鸟、幼鸟和成鸟的重金属综合暴露危害指数（HI）的平均值分别为 3.83、2.78 和 2.73，其中白琵鹭雏鸟处于"高风险"等级，幼鸟和成鸟处于"中等风险"水平。与 HQ 的评价结果相似，白琵鹭幼鸟和成鸟的 HI 值无明显差异，而雏鸟的 HI 值明显高于幼鸟和成鸟（$p < 0.05$）。虽然 HQ 的计算结果得出 Cu、Cr 和 Ni 均不会对白琵鹭产生明显影响，但白琵鹭雏鸟却处于"高风险"水平，这是由于 Cr 提升了综合风险等级，任何一种污染物质超过了规定的风险阈值都会对综合风险产生影响（Liang et al.，2016）。更需要注意的是，WQI、I_{geo}、P_N 和 EF 的计算结果均表明七星河湿地水体和沉积物整体处于"无污染"或"低污染"水平，即天然浓度下的重金属元素仍可能会对白琵鹭产生影响。综合考虑水体摄入途径相对安全与摄入沉积物及底栖杂食性鱼类的风险较高的情况，建议确保湿地具有一定的淹水深度以及保证中上层鱼类（水生生物）的丰度，从而保证白琵鹭在中上水层即可获取充足的食物，降低白琵鹭接触沉积物和摄食底栖鱼类的频率与剂量，进而降低白琵鹭的重金属暴露风险。

6.4.4　湿地越冬鸟类重金属暴露风险

七星河湿地作为我国北方典型的高寒地区湿地生态系统，冬季寒冷干燥，水面结冰甚至形成"连底冻"，湿地冬季积雪便成了越冬鸟类的主要饮水来源。因此，本节选取环颈雉（*Phasianus colchicus*）和短耳鸮（*Asio flammeus*）两种典型湿地越冬鸟类作为评估对象。根据田秀华等（2007）对七星河湿地野生生物资源的调查统计结果可知，环颈雉雄鸟和雌鸟的平均体重分别为 1464g 和 887g，短耳鸮雄鸟和雌鸟的平均体重分别为 289g 和 318g。越冬鸟类水体摄入率由异速生长回归模型预测［公式（2-32）］，并根据公式（2-35）计算得出了环颈雉、短耳鸮雄鸟和雌鸟单位体重重金属日摄入率。积雪摄入途径（饮水）重金属的单位体重日暴露剂量明显低于重金属日耐受剂量（TDI），这表明环颈雉和短耳鸮冬季摄入湿地内部积雪并不会引起较高重金属暴露风险。根据公式（2-37）计算得出了环颈雉和短耳鸮单一重金属元素的危害熵（HQ），见图6-13。6种重金属对环颈雉和短耳鸮的暴露风险由高到低依次为 Cr > Pb > Zn > Cu > Cd > Ni。积雪中 Cr、Pb、Zn 和 Cu 间存在明显的相关性，其来源很可能与湿地周边冬季的燃煤排放有关，但其并不会对环颈雉和短耳鸮产生明显影响，其雄鸟和雌鸟的 HQ 值低于"无风险"水平的上阈值（HQ = 1）3～5 个数量级。与白琵鹭雏鸟、幼鸟和成鸟重金属暴露风险的评估结果类似，短耳鸮的重金属暴露风险明显高于环颈雉，即体重较小的鸟类有着较大的重金属单位体重日暴露计量，因此其暴露风险更高。由于环颈雉和短耳鸮单一重金属的暴露风险明显低于"无风险"的上阈值，因此本章不再讨论重金属的综合暴露风险。

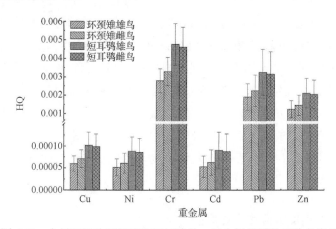

图 6-13　七星河湿地环颈雉和短耳鸮单一重金属暴露的平均危害熵

6.5　本 章 小 结

本章分析了七星河湿地水体和沉积物重金属污染的生态风险、湿地鱼类重金属的富集水平以及与食物链暴露相关的人体健康风险和湿地候鸟的重金属暴露风险。研究表明，沉积物作为水环境污染物的主要储存介质，其重金属污染的潜在生态风险水平明显高于水体，属"中风险"水平，且水体和沉积物中的 Cr 会对水生生物产生不良影响，可通过食物链进行风险传递，其对鱼类消费者非致癌风险的贡献超过 70%。同时，食用底栖杂食性鱼类造成的人体健康风险要高于食用中上水层鱼类，表明野生鱼类可作为连接环境污染与人体健康间的重要载体，探寻鱼类从水体与沉积物中吸收重金属元素的过程及影响机制还可进一步揭示区域环境污染的风险传递效应。重金属暴露风险的评估结果表明，由于体型较小的物种具有相对较高的单位体重污染物暴露剂量，因此应特别关注重金属暴露对雏鸟的影响。此外，考虑到水体摄入途径相对安全与摄入沉积物及底栖杂食性鱼类的风险较高，要确保白琵鹭在中上水层即可获取充足的食物来源，进而降低捕食底栖鱼类和接触与摄入沉积物的频率与剂量将会是降低重金属暴露风险的有效手段。

参 考 文 献

白志鹏, 王珺, 游燕, 2009. 环境风险评价[M]. 北京: 高等教育出版社.

郭贵良, 闫先春, 王桂芹, 2016. 东北地区 5 种柳根鱼考证[J]. 水产科技情报, 43(6): 298-302, 307.

胡二邦, 2009. 环境风险评价实用技术、方法和案例[M]. 北京: 中国环境科学出版社.

李健, 郑春江, 1988. 环境背景值数据手册[M]. 北京: 中国环境科学出版社.

柳劲松, 王德华, 孙儒泳, 2003. 白琵鹭雏鸟的生长和恒温能力的发育[J]. 动物学研究(4): 249-253.

罗文磊, 田娟, 侯战方, 等, 2016. 东平湖表层沉积物重金属富集特征及其污染研究[J]. 环境工程, 34(4): 146-150, 155.

田秀华, 丁君, 2007. 七星河国家级自然保护区动物志[M]. 哈尔滨: 东北林业大学出版社.

闫姿伶, 赵欣迪, 黄璞祎, 2020. 泥鳅和葛氏鲈塘鳢皮肤黏液细胞类型、数量比较及其季节分布[J]. 大连海洋大学学报, 35(4): 516-521.

余杨, 王雨春, 周怀东, 等, 2013. 三峡库区蓄水初期大宁河重金属食物链放大特征研究[J]. 环境科学, 34(10): 3847-3853.

CANADIAN COUNCIL OF MINISTERS OF THE ENVIRONMENT, 1999. Canadian Council of Ministers of the Environment. Canadian Sediment Quality Guidelines for the Protection of Aquatic Life[R]. Canada: Winnipeg.

COBBINA S J, CHEN Y, ZHOU Z X, et al., 2015. Toxicity assessment due to sub-chronic exposure to individual and mixtures of four toxic heavy metals[J]. Journal of Hazardous Materials, 294: 109-120.

DIOP C, DEWAELE D, CAZIER F, et al., 2015. Assessment of trace metals contamination level, bioavailability and toxicity in sediments from Dakar coast and Saint Louis estuary in Senegal, West Africa[J]. Chemosphere, 138: 980-987.

DJIKANOVIC V, SKORIC S, SPASIC S, et al., 2018. Ecological risk assessment for different macrophytes and fish species in reservoirs using biota-sediment accumulation factors as a useful tool[J]. Environmental Pollution, 241: 1167-1174.

FU L, LU X B, NIU K, et al., 2019. Bioaccumulation and human health implications of essential and toxic metals in freshwater products of Northeast China [J]. Science of the Total Environment, 673: 768-776.

HAKANSON L, 1980. An ecological risk index for aquatic pollution control. A sediment logical approach[J]. Water Research, 14(8): 975-1001.

KERTÉSZ V, FÁNCSI T, 2003. Adverse effects of (surface water pollutants) Cd, Cr and Pb on the embryogenesis of the mallard[J]. Aquatic Toxicology, 65(4): 425-433.

LIANG J, LIU J Y, YUAN X Z, et al., 2016. A method for heavy metal exposure risk assessment to migratory herbivorous birds and identification of priority pollutants/areas in wetlands[J]. Environmental Science and Pollution Research, 23(12): 11806-11813.

LIN Q, LIU E F, ZHANG E L, et al., 2016. Spatial distribution, contamination and ecological risk assessment of heavy metals in surface sediments of Erhai Lake, A large eutrophic plateau lake in southwest China[J]. Catena, 145: 193-203.

LIU J Y, LIANG J, YUAN X Z, et al., 2015. An integrated model for assessing heavy metal exposure risk to migratory birds in wetland ecosystem: A case study in Dongting Lake Wetland, China[J]. Chemosphere, 135: 14-19.

RAHMAN M S, MOLLA A H, SAHA N, et al., 2012. Study on heavy metals levels and its risk assessment in some edible fishes from Bangshi River, Savar, Dhaka, Bangladesh[J]. Food Chemistry, 134(4): 1847-1854.

SAMPLE B E, OPRESKO D M, SUTER II G W, 1996. Toxicological Benchmarks for Wildlife: 1996 Revision[M]. Oak Ridge: Oak Ridge National Laboratory.

SHARIFI Z, HOSSAINI S M T, RENELLA G, 2016. Risk assessment for sediment and stream water polluted by heavy metals released by a municipal solid waste composting plant[J]. Journal of Geochemical Exploration, 169: 202-210.

VU C T, LIN C, SHERN C C, et al., 2017. Contamination, ecological risk and source apportionment of heavy metals in sediments and water of a contaminated river in Taiwan[J]. Ecological Indicators, 82: 32-42.

XIA F, ZHANG C, QU L Y, et al., 2020. A comprehensive analysis and source apportionment of metals in riverine sediments of a rural-urban watershed[J]. Journal of Hazardous Materials, 381: 121230.

YI Y J, TANG C H, YI T, et al., 2017. Health risk assessment of heavy metals in fish and accumulation patterns in food web in the upper Yangtze River, China[J]. Ecotoxicology and Environmental Safety, 145: 295-302.

ZHOU Y J, JIA Z Y, WANG J X, et al., 2019. Heavy metal distribution, relationship and prediction in a wheat-rice rotation system[J]. Geoderma, 354: 113886.

第三篇

污染修复与调控

第7章 | 河沼系统水环境重金属污染修复技术

重金属因其毒性强、无法降解、污染范围广以及治理难度大而受到公众的广泛关注和担忧（Jarup，2003），并且在环境中以多种化学形态存在，而各种形态间能够互相转化并在水体、大气和土壤间迁移（Tessier et al.，1979）。加之重金属难以被生物体代谢排出，并可通过食物链逐级积累放大，进而对生态系统安全和人体健康构成潜在威胁（Pellera et al.，2012）。重金属在进入植物体内后，会对植物产生氧化胁迫作用导致作物代谢紊乱而减产（Kamran et al.，2019；Etesami，2018），而人类如长期暴露于重金属污染环境中，即使是在很低的浓度下重金属污染也会对人体健康造成严重的、不可逆的危害。例如，长期暴露于镉污染环境中会造成人体骨质疏松、肾功能衰竭、代谢紊乱，甚至诱发身体癌变等（Ge et al.，2019；Gao et al.，2018）；过量的铅摄入会严重损害中枢神经系统和消化系统，还会导致贫血以及诱发高血压等疾病（Bardestani et al.，2019）；金属汞（单质汞）虽然在环境中的生物利用度较低，但是其在一定条件下容易转化成为毒性较强的有机汞（如甲基汞），对生物体的中枢神经系统具有严重的危害作用（刘昌汉等，1979；卢光华等，2017）；虽然锌、铜、铬、镍是人体生长发育所必需的微量元素，但过量摄入仍会导致胃痉挛、肝脏损伤以及皮肤溃烂等疾病（Katiyar et al.，2021；Paulino et al.，2006）。目前，美国环保署（US EPA，2014）将镉、铅、镍、汞、砷、铬、锌、铜等重金属列入了《优先控制污染物名单》。

《全国土壤污染状况调查公报》结果显示，我国土壤中的重金属点位超标率已超过了13%，其中镉是最主要的重金属污染物（环境保护部和国土资源部，2014）。此外，我国地表水中也均存在不同程度的重金属污染，特别是位于重工业城市和经济发达地区的海河、淮河、长江及珠江水系。监测结果显示珠江水系广州段的铬、铅和汞污染超标率分别高达22.2%、11.1%和5.6%。对珠江口沉积物的Cd污染程度的调查结果显示，沉积物中 Cd 的平均浓度已超过海洋沉积物质量标准[《海洋沉积物质量》（GB 18668—2002）] 的第三类标准，具有较强的生态风险。淮河流域沉积物中重金属浓度已经远超环境背景值，黄河水系、淮河干流、滦河的 Cd 超标率均在 16% 以上（岳霞等，2014）。与此同时，自 2005 年湖南株洲重金属污染事件以来，又有多起重金属污染事件被媒体接连报道，引起了社会公众对重金属污染问题的普遍关注与担忧（叶希青，2020）。本课题组在对松花江流域水环境污染潜在风险识别的研究中发现，虽然 Cd 的监测浓度最低，但其对生态风险和人体健康的潜在危害贡献最大（Li et al.，2020）。此外，针对七星河湿地水体、沉积物及野生鱼类重金属污染风险评价的研究结果表明（第 6 章），食用野生鱼类暴露 Cd 的癌症风险指数已超过风险阈值，存在引发癌症风险的可能。

因此，如何科学有效去除环境中的重金属污染，特别是针对分布广泛且对潜在生态风险贡献较大的 Cd 元素，降低其对生态系统和人类健康产生的不利影响，已成为目前亟待解决的重点生态环境问题。

7.1　生物炭吸附去除重金属的应用

研究者针对化学沉淀、离子交换、混凝-絮凝和膜过滤等为代表的重金属修复技术开展了深入的研究，并取得了良好的去除效果。然而，现阶段这些技术大多应用成本较高，难以大规模推广应用。相比之下，吸附技术具有去除效率高、成本低、制备方便等优点，因此具有广泛的应用前景和研究价值。其中，生物炭作为近年来的新兴吸附剂，因制备材料来源广泛、制备方法简单且操作便捷而受到重点关注。生物炭是生物质材料在无氧条件下经过高温裂解形成的黑色固体物质，因其具有较高的比表面积、阳离子交换量和丰富的表面官能团而对污染物具有较高的吸附能力，被认为是一种环境友好和可持续发展的材料（Ahmed et al.，2016）。Katiyar 等（2021）以泡叶藻为原料制备的生物炭对水体中 Cu^{2+} 的去除效率高达99%。谢超然等（2016）以核桃青皮为原料经限氧裂解法在 500℃ 条件下制备出的生物炭对 Pb^{2+} 和 Cu^{2+} 的理论最大吸附量分别可达到 476.19mg/g 和 153.85mg/g。生物炭对重金属的吸附固定机制涉及电荷相互作用、物理吸附、离子交换、表面官能团络合等。一方面生物炭在热解过程中有机质挥发会产生丰富的孔隙结构和表面官能团，能够和游离的重金属离子发生物理吸附、电荷相互作用以及官能团络合等过程；另一方面，生物质材料本身含有较为丰富的矿物成分，经过热解后产生矿物晶体，在与重金属离子反应过程中能够发生离子交换和矿物沉淀以固定重金属离子（Tian et al.，2015）。因此，以废弃生物质为原料制备生物炭，将其作为环境中重金属的高效吸附剂具有广阔的发展和应用前景。

7.2　生物炭吸附去除重金属污染面临的问题

目前，生物炭对重金属的吸附在理论研究方面已取得了较为丰富的成果，但现阶段生物炭的实际应用仍受到多种因素的制约。一方面，虽然生物炭的制备材料来源广泛，但不同材料制备的成品生物炭对特定污染物具有不同的吸附效果，因此选择一种方便获取、成本低廉且成品具有较高吸附性能的原料不仅可以促进生物炭的规模化应用，还可提高废弃生物质的资源化利用效率。另一方面，直接热解制备的生物炭吸附性能往往较低，而通过改性手段虽然能够提高其对重金属的吸附性能，但会增加生物炭的制备成本，降低其在规模化应用中的竞争优势。因此，生物炭的高吸附性能和低应用成本的矛盾仍有待解决。Zhao 等（2018）的研究结果表明，热解温度、热解时间（最高热解温度的停留时间）和升温速率是生物炭制备过程中的主要参数，对生物炭的吸附性能具有重要影响，也是影响生物炭制备能耗的主要因素。然而，这三个因素对生物炭的吸附性能和产率往往呈现出相反的影响效果。例如：有机质在较高的热解温度和热解速率下更容易分解，有助于提高生物炭的比表面积，但会降低产率，这意味着高吸附性能的生物炭往往以较低的产率为代价（Huang et al.，2020；Zhao et al.，2018；Mahdi et al.，2017）。此外，较短的热解时间能够节约能耗，降低制备成本，但较长的热解时间则利于提高生物炭的比表面积并增加表面活性点位，促进其对污染物吸附性能的提升（Wang et al.，2020）。以上研究表明，有关热解参数与生物炭吸附特性之间的关系仍未得到充分的研究，相比于昂贵的改性方法，科学优化热解参数组合能够在不使用改性剂的基础上进一步挖掘生物炭的吸附性能，并降低制备成本。因此，如何合理地设计制备策略以协同保障生物炭的高效吸附性和经济性是其在大规模实际应用前亟需解决的关键问题（Wang et al.，2019）。

7.3 生物炭制备原料的选择

园林废弃物是指植物经过自然凋落或人工修剪后的落叶、枝条、草屑等植物残体（Viretto et al.，2021）。随着我国公园城市政策的不断推进，城市绿化面积持续增长。《2019 年中国国土绿化状况公报》显示，截至 2019 年底，我国城市绿化总面积为 219.7 万 hm^2（全国绿化委员办公室，2020）。与此同时，每年产生的大量园林废弃物也给市政工作带来了巨大负担（Shu et al.，2021）。据估计，每年全国城市园林废弃物超过 4000 万 t（刘瑜等，2020）。而传统的焚烧和填埋等处理方式不仅会产生大量污染物，对生态环境和人体健康造成不利影响，也使得园林废弃物作为潜在的生物质资源没有得到有效利用（Cai et al.，2021；Noblet et al.，2021；Wang et al.，2014）。如今，我国正在推进城市垃圾分类，而探寻废弃资源再利用的有效手段将会是促进垃圾分类回收的关键（Tong et al.，2020）。因此，本书选取城市园林废弃物生物炭（garden waste biochar，GWB）（以园林废弃物为原料制备的生物炭），并探究其对严重威胁生态环境安全的 Cd^{2+} 的吸附性能与机理，为协同保障区域水生态安全和可持续发展战略提供技术支撑。

7.4 生物炭制备条件的优化

为探寻园林废弃物生物炭的最佳制备策略，本节应用响应面法对生物炭制备过程中的热解温度、热解时间和升温速率进行优化。建立热解参数与产率和吸附量之间的回归方程，并利用模型揭示热解参数对产率和吸附量的影响，进而提出综合考虑生物炭产率和吸附性能的最佳制备条件。

7.4.1 生物炭的制备

将收集的园林废弃物用去离子水冲洗干净，沥干水分后在烘箱（85℃）中烘至恒重。后将烘干的样品粉碎，过 100 目筛，并将粉碎后的样品置于管式炉中按照设定的参数（热解温度、热解时间、升温速率）进行热解。热解前先向管式炉中通入流速为 0.4L/min 的氮气（40min）以去除管内的氧气，热解过程中保持 0.2L/min 的氮气流通以维持无氧环境。生物炭的产率（$Y_{产率}$）通过公式（7-1）计算：

$$Y_{产率}(\%) = \frac{\text{生物炭质量(g)}}{\text{原料质量(g)}} \times 100\% \tag{7-1}$$

7.4.2　响应面法

响应面法是一种基于数学思想并以部分实验数据为基础，建立不同影响因素与响应值之间的多元回归方程，通过对回归方程的分析解决多变量问题并寻求最优工艺参数的一种统计方法（Karimifard et al.，2018）。相比于单因子实验和正交实验只能对孤立的实验点进行分析，响应面法所获得的预测模型是连续的多项式函数，能够精确地描述各因素与响应值之间的关系，从而通过较少的实验次数对实验参数进行全面研究。本质上，响应面法近似构造了一个具有明确表达形式的多项式来表达隐式功能函数，适宜解决非线性数据处理的相关问题（Witek et al.，2014）。

因此，在模型建立前需要先对研究变量的组合进行合理设计，以获取部分实验数据。常用的实验设计方法有中心组合设计（central composite design，CCD）和 Box-Behnken design（BBD）两种。其中 BBD 对各变量取 3 个水平的值，分别为变量取值范围的最大值、中间值和最小值。由于实验次数较少，为保证模型的准确性，BBD 法仅适用于变量少于 5 个的情况。而 CCD 实验在变量取点时会超出原定水平，因此实验次数多于 BBD。更多的实验数据也能更好地用于拟合响应曲面，但同时也会增加工作量，CCD 一般适用于变量多于 5 个的情况（李莉等，2015）。

7.4.3　热解参数取值范围的选择

由于本章中的变量为 3 个，所以选择响应面法中的 BBD 为实验设计方法。热解温度、升温速率、热解时间 3 个参数在 BBD 中选取 3 个取值水平（−1、0、1）（表 7-1），分别为热解温度 300℃、500℃和 700℃（300℃是园林废弃物的燃点温度，700℃是慢速热解法的最高温度），升温速率 4℃/min、7℃/min 和 10℃/min

（属于慢速热解法的升温速率范畴）（Yavari et al.，2017），热解时间 30min、120min
和 210min（Zhang et al.，2018；Zornoza et al.，2016）。BBD 实验设计中共包含
17 种组合（表 7-2），其中包括 5 次重复实验（中心点，实验序号：1、5、8、9、
16），用于评估实验误差。实验获取的响应值和热解参数取值通过式（7-2）建立
预测模型：

$$Y = \beta_0 + \sum_{i=1}^{n} \beta_i X_i + \sum_{i=1}^{n} \beta_{ii} X_i^2 + \sum_{i=1}^{n} \sum_{i=1}^{n} \beta_{ij} X_i X_j + \varepsilon \qquad (7-2)$$

式中，Y 为预测值；X_i 和 X_j 为独立变量；β_0 为常系数；β_i、β_{ii} 和 β_{ij} 分别为一次项、
二次项系数；ε 为模型误差。

表 7-1　热解参数取值水平

参数	参数符号	取值水平		
		−1	0	1
升温速率/（℃/min）	A	4	7	10
热解时间/min	B	30	120	210
热解温度/℃	C	300	500	700

表 7-2　BBD 实验方案

实验序号	A/（℃/min）	B/min	C/℃
1	7	120	500
2	10	210	500
3	7	210	700
4	10	30	500
5	7	120	500
6	4	30	500
7	4	120	300
8	7	120	500
9	7	120	500

续表

实验序号	$A/$（℃/min）	B/min	$C/$℃
10	7	210	300
11	10	120	700
12	4	210	500
13	7	30	300
14	7	30	700
15	10	120	300
16	7	120	500
17	4	120	700

7.4.4　回归模型的建立

参照表 7-2 中的热解参数制备出 17 种生物炭后，由公式（7-1）得出相应热解条件下的生物炭产率，结果列于表 7-3 中，建立的产率二阶多项式回归方程如式（7-3）所示：

$$Y_{-产率}(\%) = 37.84 - 0.32A - 0.83B - 15.73C - 0.06AC + 0.82BC - 0.16A^2$$
$$+ 1.4B^2 + 8.64C^2 \tag{7-3}$$

为探寻生物炭对 Cd^{2+} 的吸附性能，分别将制备的 17 种生物炭与初始浓度为 50mg/L 的 Cd^{2+} 溶液按照 1∶1000（质量∶体积）的比例混合，然后在 150r/min、25℃条件下振荡。取振荡 5min、10min、30min、60min、120min、240min、480min、720min、1440min 后的溶液，经过滤后使用原子吸收分光光度计检测滤液中的 Cd^{2+} 浓度，通过公式（7-4）计算得出每种生物炭在不同吸附时间下的 Cd^{2+} 吸附量，结果如图 7-1 所示。

$$q_t = \frac{(C_0 - C_t) \cdot V}{m} \tag{7-4}$$

式中，q_t 为生物炭对 Cd^{2+} 的吸附量（mg/g）；C_0 和 C_t 分别为吸附前后的 Cd^{2+} 浓度（mg/L）；m 为生物炭的投加量（g）；V 为溶液体积（L）。

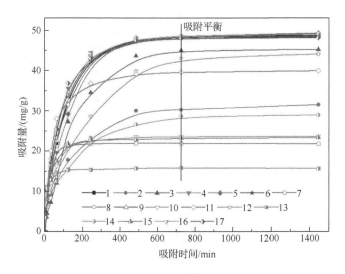

图 7-1　园林废弃物生物炭在不同吸附时间下的吸附量

由图 7-1 可知，17 种生物炭对 Cd^{2+} 的吸附量均在初始的 480min 内急速增加，并在 720min 后不再发生变化，表明此时生物炭对 Cd^{2+} 的吸附达到平衡。因此，选择 720min 时的 Cd^{2+} 吸附量作为模型的吸附量响应值，结果列于表 7-3 中。通过对 17 种园林废弃物生物炭的 Cd^{2+} 吸附量数据进行回归分析后得出有关吸附量的二阶回归模型，如式（7-5）所示：

$$Y_{吸附量}(\%) = 48.51 - 2.55A + 0.15B + 9.58C - 3.14AB - 2.43AC + 2.15BC$$
$$- 0.58A^2 - 5.52B^2 - 14.72C^2 \tag{7-5}$$

表 7-3　BBD 实验结果

编号	实验序号	产率/%	吸附量/（mg/g）
	1	38.01	48.56
	2	38.59	30.27
	3	31.44	44.96
	4	39.05	47.97
CGWB	5	37.15	48.60
	6	39.44	48.29

续表

编号	实验序号	产率/%	吸附量/（mg/g）
	7	61.72	21.96
	8	38.27	48.46
	9	38.12	48.45
	10	61.32	23.60
	11	29.54	39.60
	12	39.22	43.13
YGWB	13	65.95	15.88
	14	32.80	28.65
	15	62.33	23.21
	16	37.65	48.47
	17	31.68	48.08

注：CGWB 表示 Cd^{2+}吸附量最大的园林废弃物生物炭，YGWB 表示产率最高的园林废弃物生物炭。

7.4.5　模型有效性分析

本章通过方差分析（analysis variance，ANOVA）评价模型的显著性水平，如果 p 值小于 0.05，且费希尔（Fisher）检验中的 F 值较大，则说明模型能够很好地拟合实验数据（Zhou et al.，2019）。生物炭的产率和 Cd^{2+}吸附量二阶模型的方差分析结果如表 7-4 所示。对产率模型来说，p 值小于 0.0001 且 F 值为 413.34，表明产率的二阶模型显著能够较好地拟合实验数据。然而，吸附量模型的 F 值较小（5.29），且失拟项（lack of fit）显著，表明尽管模型整体能够较好地拟合实验数据（$p = 0.0195$），但是拟合误差仍显著高于纯误差（失拟项的平方和为 288.04，纯误差平方和为 0.018），因此 Cd^{2+}吸附量的二阶模型难以达到拟合要求。

表7-4　园林废弃物生物炭的产率和 Cd^{2+} 吸附量的二阶回归模型方差分析结果

		平方和	自由度	均方	F 值	p 值
产率模型	模型	2320.51	9	257.83	413.34	<0.0001（显著）
	A	0.81	1	0.81	1.30	0.2912
	B	5.56	1	5.56	8.92	0.0203
	C	1980.09	1	1980.09	3174.37	<0.0001
	AB	0.014	1	0.014	0.023	0.8835
	AC	1.89	1	1.89	3.03	0.1252
	BC	2.67	1	2.67	4.29	0.0772
	A^2	0.11	1	0.11	0.18	0.6856
	B^2	8.22	1	8.22	13.18	0.0084
	C^2	314.31	1	314.31	503.89	<0.0001
	残差	4.37	7	0.62	—	—
	失拟项	3.56	3	1.19	5.90	0.0569（不显著）
	纯误差	0.80	4	0.20	—	—
	总变异	2324.87	16	—	—	—
吸附量模型	模型	1959.45	9	217.72	5.29	0.0195（显著）
	A	52.07	1	52.07	1.27	0.2977
	B	0.17	1	0.17	4.158E−003	0.9504
	C	734.21	1	734.21	17.84	0.0039
	AB	39.31	1	39.31	0.96	0.3609
	AC	23.67	1	23.67	0.58	0.4730
	BC	18.45	1	18.45	0.45	0.5246
	A^2	1.40	1	1.40	0.034	0.8589
	B^2	128.13	1	128.13	3.11	0.1210
	C^2	912.21	1	912.21	22.17	<0.0022
	残差	288.06	7	41.15	—	—
	失拟项	288.04	3	96.01	21009.29	<0.0001（显著）
	纯误差	0.018	4	4.570E−003	—	—
	总变异	2247.50	16	—	—	—

　　通常情况下，当二阶模型拟合不佳时，可以采用三次回归模型进一步提高拟合精度（Zhou et al.，2019）。为此，本节重新建立了园林废弃物生物炭的热解参

数与其 Cd^{2+}吸附量之间的三阶回归模型，如式（7-6）所示：

$$Y_{-吸附量}(mg/g) = 48.51 - 3.3A - 5.72B + 10.63C - 3.14AB - 2.43AC$$
$$+ 2.15BC - 0.58A^2 - 5.52B^2 - 14.72C^2 + 1.49AC^2$$
$$- 2.10B^2C + 11.72BC^2 \tag{7-6}$$

方差分析结果如表 7-5 所示，吸附量的三阶模型 p 值小于 0.0001，且 F 值为 40982.61。此外，纯误差为 0.018，模型能够很好地反映园林废弃物生物炭的热解参数与 Cd^{2+}吸附量之间的关系。

表 7-5　园林废弃物生物炭对 Cd^{2+}吸附量的三阶回归模型方差分析结果

吸附量模型	平方和	自由度	均方	F 值	p 值
模型	2247.49	12	187.29	40982.61	＜ 0.0001（显著）
A	43.43	1	43.43	9502.87	＜ 0.0001
B	130.64	1	130.64	28587.51	＜ 0.0001
C	451.78	1	451.78	98856.68	＜ 0.0001
AB	39.31	1	39.31	8602.39	＜ 0.0001
AC	23.67	1	23.67	5179.04	＜ 0.0001
BC	18.45	1	18.45	4036.55	＜ 0.0001
A^2	1.40	1	1.40	306.21	＜ 0.0001
B^2	128.13	1	128.13	28038.03	＜ 0.0001
C^2	912.21	1	912.21	$1.996×10^5$	＜ 0.0001
ABC	0.000	0			
AC^2	4.43	1	4.43	968.34	＜ 0.0001
B^2C	8.78	1	8.78	1920.80	＜ 0.0001
BC^2	274.83	1	274.83	60138.73	＜ 0.0001
A^3	0.000	0			
B^3	0.000	0			
C^3	0.000	0			
纯误差	0.018	4	$4.570×10^{-3}$		
总变异	2247.50	16			

图 7-2（a）和（b）为实测值与模型预测值的关系图，其中预测值通过模型计算得出，为连续的直线，实测值从实验中获取，为离散的点。图中结果显示至少

在使用表 7-2 中的热解参数时，模型对生物炭的产率和吸附量具有较高的预测准确性（Tripathi et al.，2020）。

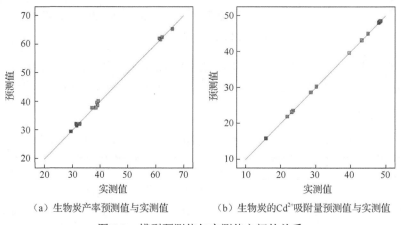

（a）生物炭产率预测值与实测值　　　　（b）生物炭的 Cd^{2+} 吸附量预测值与实测值

图 7-2　模型预测值与实测值之间的关系

7.4.6　热解参数对响应值的影响

从升温速率和热解温度对生物炭产率的曲面图［图 7-3（a）］可知，当热解时间为 120min 时，随着热解温度和升温速率的增加，生物炭产率从 62.33% 急剧下降至 29.54%。热解时间和热解温度对产率的影响也呈现出相同趋势［图 7-3（b）］，即当升温速率为 10℃/min 时，产率随热解温度和热解时间的变化逐渐从 65.95% 下降到 31.44%。而图 7-3（c）的变化则比较平缓，表明在 500℃ 的热解温度下，产率受升温速率和热解时间的影响较小（仅从 39.44% 下降到 38.27%）。由此可知，热解温度对园林废弃物生物炭产率的影响最为显著，其次为热解时间和升温速率。从图 7-3（d）可以看出，在热解时间为 120min、升温速率为 10℃/min 时，生物炭对 Cd^{2+} 的吸附量先随热解温度的增加而增加，而后当热解温度超过 600℃ 时，吸附量则随着热解温度的增加而下降。这可能是由于当热解温度增加时，生物质的分解和挥发增加，从而增加了生物炭的比表面积和表面活性位点，有利于 Cd^{2+} 的吸附（Angin，2013）。然而，过高的温度也可能会导致生物炭中的孔隙烧蚀、坍塌，并堵塞孔隙，从而降低比表面积，减少吸附点位，使得吸附性能下降（Leng et al.，2021）。当升温速率和热解温度分别为 10℃/min 和 700℃ 时，Cd^{2+} 吸附量也随热解时间的增加而增加，但当热解时间超过 120min 时，吸附量也随之降低。然而，Cd^{2+} 吸附量随升温速率的增加而降低［图 7-3（f）］。综上，这三个因素对园林废弃物生物炭 Cd^{2+} 吸附量的影响程度为热解温度>热解时间>升温速率。

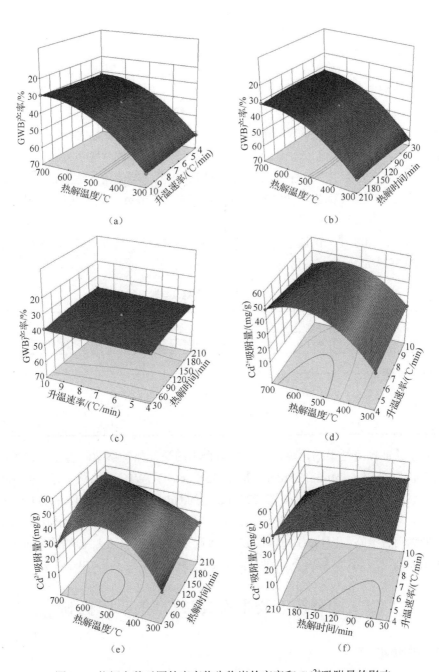

图 7-3　热解参数对园林废弃物生物炭的产率和 Cd^{2+} 吸附量的影响

7.4.7 最优制备策略

由于热解参数对园林废弃物生物炭的吸附性能有显著影响，相比于使用昂贵且复杂的改性手段来提高生物炭的吸附性能，优化热解条件可以在满足相同的吸附效果前提下大大降低生物炭的制备成本。此外，热解参数对生物炭产率的影响也不容忽视。由图 7-3 可以看出，在一定范围内，热解参数对两个响应值的影响是相反的，因此在实际生产过程中应该放弃同时追求两个响应值均达到最优，而应确定一组使两个响应值都相对较高的热解参数组合（Kundu et al.，2015）。模型预测的最优热解参数如表 7-6 所示，升温速率、热解时间和热解温度分别为 $10℃/min$、$30min$ 和 $398.708℃$。在该条件下，所预测的生物炭产率和 Cd^{2+} 吸附量分别为 50.60% 和 $39.57mg/g$。

表 7-6　模型最优条件的预测值与验证结果

	热解参数			响应值	
	升温速率/（℃/min）	热解时间/min	热解温度/℃	产率/%	Cd^{2+}吸附量/（mg/g）
预测值	10	30	398.708	50.60	39.57
实测值	10	30	398	50.03	41.90
				48.94	39.10
				50.63	39.02

为了验证预测结果的可靠性，根据拟合出的最优热解参数制备了三组最优园林废弃物生物炭（optimal garden waste biochar，OGWB），结果显示 OGWB 的实际产率为 49.87 ± 0.70（%），在 $720min$ 时的 Cd^{2+}吸附量为 40.01 ± 1.34（mg/g）（表 7-6）。实测值与预测值非常接近，表明通过该模型成功获得了园林废弃物生物炭的最优制备策略，并且 OGWB 对 Cd^{2+} 的吸附能力较强，在 Cd^{2+}初始浓度 50mg/L、OGWB 添加量 1g/L 的条件下，对水体中 Cd^{2+} 的去除率达到了 78%以上。

7.5　园林废弃物生物炭对 Cd 的吸附机制

7.5.1　吸附动力学

理论上讲，生物炭对重金属的吸附可以分为三个过程，即液膜扩散、颗粒内扩散和吸附反应（图7-4）（Cui et al.，2015）。当生物炭被加入到重金属溶液中后，其表面会立刻被一层液膜所覆盖，当液膜内的重金属离子在与生物炭外表面的活性点位发生作用被固定后，液膜内的重金属浓度会降低，从而在液膜内外形成浓度差，使液膜外的重金属离子向液膜内部迁移，这一过程称为液膜扩散（图7-4，过程Ⅰ）。此外，由于生物炭表面分布着大量孔隙，液膜内的重金属离子还会在无规则运动下进入孔隙内部，并在液膜内外形成持续性的浓度差，直至整个吸附反应达到平衡，这一过程称为颗粒内扩散（图7-4，过程Ⅱ）。在孔隙内部扩散的重金属离子除了一部分由孔隙填充效应被固定外，还有一部分重金属离子会和生物炭内表面的吸附点位发生电荷相互作用、离子交换、官能团络合等反应而被固定，这一过程称为吸附反应（图7-4，过程Ⅲ）。在这三个过程中，最慢的步骤决定了整个吸附反应过程的速率，而吸附反应过程一般会在合适的条件下迅速发生并达到平衡，因此整个吸附过程的速率通常取决于液膜扩散速率与颗粒内扩散速率（Zhou et al.，2017b）。

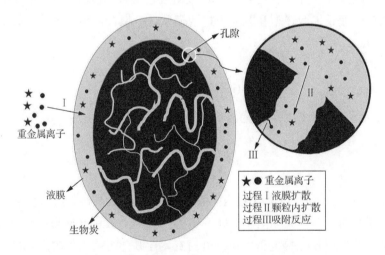

图 7-4　生物炭吸附重金属离子的三个过程示意图

为了进一步了解 OGWB 对 Cd^{2+} 的吸附机制，本节使用动力学模型对 OGWB 吸附 Cd^{2+} 的过程进行描述（吸附反应时间为 5min、10min、30min、60min、120min、240min、480min、720min、1440min，生物炭添加量为 1g/L）。其中伪一级动力学模型 [式 (7-7)] 和伪二级动力学模型 [式 (7-8)] 的拟合曲线和相关参数分别如图7-5（a）和表7-7所示。相比于伪一级动力学模型（$R^2=0.965$），伪二级动力学模型对实验数据的拟合相关系数更高（$R^2=0.988$），适合描述吸附过程。而伪二级动力学模型以吸附质和吸附剂之间发生化学反应为前提，表明OGWB对Cd^{2+}的吸附主要是化学吸附，如离子交换、官能团络合等（Tian et al.，2020；Reddy et al.，2013）。

伪一级动力学模型：

$$\ln(q_e - q_t) = \ln(q_e) - K_1 t \tag{7-7}$$

伪二级动力学模型：

$$q_t = \frac{K_2 t q_e^2}{1 + K_2 t q_e} \tag{7-8}$$

式中，q_t（mg/g）和q_e（mg/g）分别为OGWB在吸附t时刻和吸附平衡阶段的Cd^{2+}吸附量；K_1（min^{-1}）和K_2［g/(mg·min)］分别为伪一级和伪二级吸附速率常数。

为了确定园林废弃物生物炭对Cd^{2+}吸附过程的限速步骤，将OGWB和Cd^{2+}的吸附数据用液膜扩散模型和颗粒内扩散模型进行拟合，模型表达式如下（Zhou et al.，2017c）。

液膜扩散模型：

$$\ln(1 - F) = -K_{fd} t + C \tag{7-9}$$

式中，K_{fd}为吸附速率常数；F为吸附t时刻的均衡分数，$F=q_t/q_e$。

颗粒内扩散模型：

$$q_t = K_i t^{\frac{1}{2}} + C \tag{7-10}$$

式中，K_i［mg/(g·min$^{1/2}$)］为颗粒内扩散速率常数；C为与边界层厚度相关的常数。

两个模型的拟合结果如图7-5（b）和（c）所示。其中，液膜扩散模型拟合曲线的截距［图7-5（b）］接近于零点（−0.213），且拟合相关系数较高（$R^2 = 0.986$），而颗粒内扩散模型的拟合曲线［图7-5（c）］的相关系数较低（$R^2 = 0.860$），且曲线没有通过原点（截距为7.087），表明液膜扩散是整个吸附过程的主要限速步骤（Zhou et al.，2017a）。

综上，可以确定OGWB对Cd^{2+}主要是化学吸附，吸附过程中，液膜扩散步骤控制了整个反应的速率。

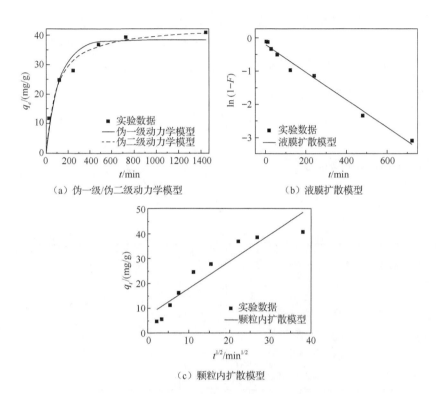

（a）伪一级/伪二级动力学模型　　　（b）液膜扩散模型

（c）颗粒内扩散模型

图 7-5　生物炭对 Cd^{2+} 吸附过程的模型拟合结果

表 7-7　动力学拟合结果参数

伪一级动力学模型		伪二级动力学模型		液膜扩散模型		颗粒内扩散模型	
参数	数值	参数	数值	参数	数值	参数	数值
q_e	38.324	q_e	43.218	K_{fd}	0.004	K_i	1.095
K_1	0.008	K_2	0.0002	C	-0.213	C	7.087
R^2	0.965	R^2	0.988	R^2	0.986	R^2	0.860

7.5.2　吸附热力学

　　为评估反应温度对 OGWB 吸附 Cd^{2+} 的影响，分别在 25℃、35℃ 和 45℃ 条件下将 OGWB 与初始浓度为 25mg/L、50mg/L、75mg/L、100mg/L、150mg/L、200mg/L、

250mg/L 的 Cd²⁺溶液按照 1g/L 的比例混合，测定反应平衡时的吸附量。朗缪尔（Langmuir）等温吸附模型［式（7-11）］和弗罗因德利希（Freundlich）等温吸附模型［式（7-12）］对吸附数据的拟合结果如图 7-6（a）和表 7-8 所示。

Langmuir 等温吸附模型：

$$q_e = \frac{q_m K_L C_e}{1 + K_L C_e} \quad\quad (7\text{-}11)$$

Freundlich 等温吸附模型：

$$q_e = K_F C_e^{\frac{1}{n}} \quad\quad (7\text{-}12)$$

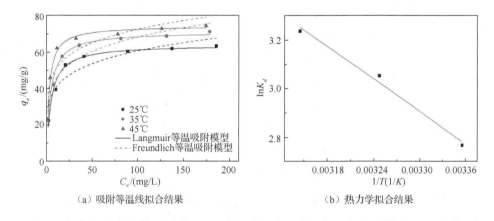

（a）吸附等温线拟合结果　　　　　　（b）热力学拟合结果

图 7-6　Cd²⁺在 25℃、35℃和 45℃下在 OGWB 上的吸附等温线和热力学拟合结果

表 7-8　等温吸附模型拟合参数

	Langmuir			Freundlich		
	q_m	K_L	R^2	K_F	n	R^2
25℃	64.207	0.213	0.971	27.064	5.682	0.847
35℃	71.251	0.244	0.975	30.192	5.627	0.857
45℃	74.502	0.378	0.987	35.437	6.409	0.778

根据 R^2 结果可知，Langmuir 等温吸附模型对三种温度下 OGWB 吸附 Cd²⁺的过程拟合效果更好，这表明 OGWB 对 Cd²⁺的吸附主要是单层吸附（Chen et al.,

2018）。此外，Freundlich 等温吸附模型中的参数 n 代表吸附剂与吸附质之间的亲和力，n 值大于 2 表示吸附过程容易发生，而 n 值小于 0.5 表示吸附质难以被吸附（Fan et al.，2017）。在本书中，OGWB 在三种温度下的 n 值均高于 2，表明 Cd^{2+} 与 OGWB 之间存在较大的吸附亲和力。

通过热力学公式（7-14）和（7-15）计算得出了 OGWB 对 Cd^{2+} 吸附过程中的吉布斯自由能变（ΔG）、焓变（ΔH）和熵变（ΔS）（Tran et al.，2017）。

$$\Delta G = -RT \ln K_d \qquad (7\text{-}13)$$

$$\ln K_d = \frac{\Delta S}{R} - \frac{\Delta H}{RT} \qquad (7\text{-}14)$$

式中，K_d 为热力学平衡常数，通过等温吸附数据中 q_e / C_e 与 q_e 的拟合曲线截距得出（Yang et al.，2020）；T（K）为开尔文温度；R 为理想气体常数，取 8.314J/(mol·K)。

热力学拟合结果如图 7-6（b）和表 7-9 所示。不同反应温度下 ΔG 均为负值，表明 OGWB 对 Cd^{2+} 的吸附是自发发生的。此外，ΔG 随着反应温度的升高而降低，表明较高的温度有利于 OGWB 对 Cd^{2+} 的吸附，这也与图 7-6（a）中 OGWB 对 Cd^{2+} 的理论最大吸附量（q_m）随热解温度的增加而增加的结果相一致（Borah et al.，2015）。ΔH 和 ΔS 的值分别为 18.460kJ/mol 和 85.082J/(mol·K)，表明吸附反应是吸热的，且固/液界面的无序度随着反应温度的增加而增加（Fan et al.，2017）。

表 7-9　OGWB 吸附 Cd^{2+} 的热力学参数

温度/℃	$\ln K_d$	ΔG/（kJ/mol）	ΔH/（kJ/mol）	ΔS/[J/（mol·K）]
25	2.768	−6.858		
35	3.053	−7.819	18.460	85.082
45	3.236	−8.555		

7.5.3　生物炭的表征

为了进一步揭示园林废弃物生物炭对 Cd^{2+} 的吸附机理，采用扫面电子显微镜（scanning electron microscope，SEM）、能谱仪（energy dispersive spectroscopy，EDS）、比表面积分析仪、X 射线衍射仪（X-rays diffractometer，XRD）、傅里叶红外光谱仪（Fourier transform infrared spectroscopy，FTIR）和 X 射线光电子能谱仪（X-rays photoelectron spectroscopy，XPS）等对生物炭吸附 Cd^{2+} 前后的表面形

态、孔隙结构、元素组成、官能团种类和 Cd 结合方式等进行了深入研究，具体结果如下。

1. 扫面电子显微镜-能谱分析

对最优条件下制备的生物炭（OGWB；热解温度 398℃，热解时间 30min，升温速率 10℃/min）和表 7-3 中吸附量最高的生物炭（garden waste biochar with the highest adsorption capacity，CGWB；热解温度 500℃，热解时间 120min，升温速率 7℃/min）以及产率最高的生物炭（garden waste biochar with the highest yield，YGWB；热解温度 300℃，热解时间 30min，升温速率 7℃/min）的 SEM 表征的结果如图 7-7（a）所示。YGWB 含有清晰的层状结构，而表面的孔隙数量则相对

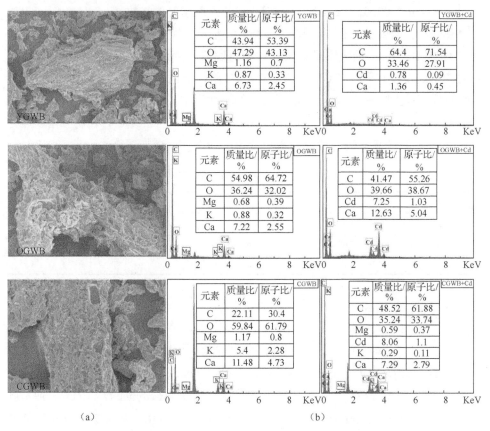

（a）　　　　　　　　　　　　　　（b）

图 7-7　YGWB、OGWB 和 CGWB 的扫描电子显微镜和能谱仪表征结果

较少，只有较大的裂缝从表面延伸到内部。相比之下，在 OGWB 和 CGWB 中观察到了较多的孔隙，且 CGWB 的孔隙数量高于 OGWB，这可能是由于 CGWB 的热解温度较高，有利于原料中有机质分解形成孔隙结构。

EDS 是一种通过聚焦高强电子束照射样品表面激发表面元素的特征 X 射线，对不同元素的特征 X 射线进行识别和能量计算，从而反映出样品表面元素成分和相对含量的技术。根据 EDS 结果［图 7-7（b）］，三种园林废弃物生物炭中都含有较为丰富的矿物元素（K、Ca 和 Mg）。而在和 Cd^{2+} 发生反应后，表面检测出了 Cd 元素，表明 Cd^{2+} 被成功吸附到了生物炭的表面。此外，吸附 Cd^{2+} 后，EDS 表面检测到的矿物元素（K、Ca、Mg）含量均有所降低，这是因为生物炭表面的金属化合物在溶液中的溶解平衡过程（图 7-8，过程①和②）被 Cd^{2+} 干扰，发生反应③生成了更难溶（稳定）的 Cd^{2+} 化合物，导致 K、Ca、Mg 被释放到溶液中，即 Cd^{2+} 与生物炭间存在离子交换过程（Li et al.，2017b）。

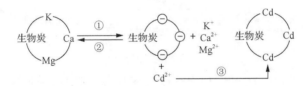

图 7-8　生物炭与重金属之间的离子交换反应示意图

2. 比表面积与孔径分布

YGWB、OGWB 和 CGWB 的氮气吸附-脱附曲线如图 7-9 所示。理论上，吸附剂对氮气的吸附是可逆的，即吸附量随着相对压力的增加而增加并最终达到平衡，而当压力逐渐降低时，氮气又发生脱附。但是由于吸附剂中孔隙（特别是小孔）的存在，在较高压力区的吸附过程中，氮气凝聚液会发生毛细凝聚现象，从而在脱附时导致脱附曲线不与吸附曲线重合并发生滞后现象，形成回滞环，而回滞环的形状和大小与吸附剂材料的孔隙特性有关。一般孔径越小，形成的回滞环坡度越陡。本节中，三种园林废弃物生物炭的氮气吸附-脱附曲线都不重合，并且回滞环形状为 H3 型（图 7-9），这表明吸附剂中的孔隙主要是中孔和大孔（Cai et al.，2019）。

实际测定的三种生物炭的孔径分布结果（表 7-10）与 SEM 结果一致，即比表面积和孔隙体积随着热解温度的升高而显著增加。一般来讲，孔隙结构越发达、比表面积越大的吸附剂通常含有越多的吸附活性位点，从而对吸附质的吸附能力越强（Sui et al.，2021）。此外，较大的比表面积和孔隙体积对吸附质的孔填充效应也更强，即更多的 Cd^{2+} 将被生物炭的孔隙捕获从而被固定（Shin et al.，2020）。

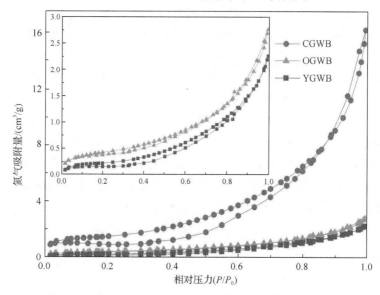

图 7-9   YGWB、OGWB 和 CGWB 的氮气吸附-脱附曲线

表 7-10   YGWB、OGWB 和 CGWB 的孔径分布参数

生物炭	S_{BET} /（m^2/g）	$V_{微孔}$ /（cm^3/g）	$V_{介孔}$ /cm^3/g）	$V_{大孔}$ /（cm^3/g）	平均孔径/nm
YGWB	0.8703	—	0.002894	0.000563	13.29867
OGWB	1.5501	—	0.003510	0.000610	9.05835
CGWB	5.5398	0.000013	0.018484	0.006604	13.35178

注：S_{BET} 表示比表面积，$V_{微孔}$ 表示微孔体积，$V_{介孔}$ 表示介孔体积，$V_{大孔}$ 表示大孔体积。

3. 零点电位 pH

零点电位 pH（pH_{pzc}）是当吸附剂表面的 Zeta 电位为零时的溶液 pH。对吸附剂来讲，当溶液的 pH < pH_{pzc} 时，吸附剂表面会发生质子化反应而产生正电荷，此时有利于对阴离子污染物的吸附。相反，当溶液 pH > pH_{pzc} 时，吸附剂表面则会发生去质子反应产生负电荷，从而有利于对阳离子污染物的吸附（Sonai et al.，2016）。

本章采用固体添加法测定 YGWB、OGWB 和 CGWB 的 pH_{pzc}。首先，将锥形瓶中装入 40mL 浓度为 0.01mol/L 的 KCl 溶液，然后用浓度为 0.1mol/L 的 HCl 和 NaOH 调节初始 pH，使其分别为 2,3,…,10。继续添加 KCl 溶液至 50mL，再次测量各溶液的 pH，并记录（pH_i）。随后在每个锥形瓶中加入 0.05g 的生物炭，并立即加盖密封。然后将悬浊液在 25℃、150r/min 条件下振荡 24h。振荡完成后，测量上清液的最终 pH（pH_f），并绘制 ΔpH（$\Delta pH = pH_i - pH_f$）与 pH_i 之间的关系曲线，曲线与横坐标（$pH_i = 0$）的交点即为生物炭的 pH_{pzc}（Rao et al.，2011）。

　　YGWB、OGWB 和 CGWB 的 pH_{pzc} 结果如图 7-10 所示，其值分别为 7.20、9.10 和 9.60。而 YGWB、OGWB 和 CGWB 与 Cd^{2+} 反应后的溶液 pH 均低于三种生物炭的 pH_{pzc}（YGWB 为 7.13，OGWB 为 7.21，CGWB 为 7.35），表明园林废弃物生物炭对 Cd^{2+} 的吸附机理不涉及静电相互作用。

4. X 射线晶体衍射分析

　　当 X 射线作用于晶体上时，会发生衍射现象，不同种类晶体的衍射强度不同，通过将 X 射线在未知物质上的衍射花样和标准晶体粉末衍射卡片（powder diffraction file，PDF）做对比，可以对物质中存在的物相进行鉴定，这种技术被称为 X 射线晶体衍射。

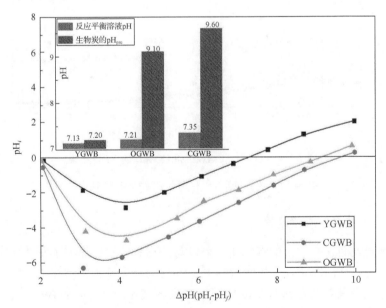

图 7-10　YGWB、OGWB 和 CGWB 的 pH_{pzc}

本节采用 X 射线衍射仪对 YGWB、OGWB 和 CGWB 进行表征，结果如图 7-11 所示。根据衍射峰的分析结果可知，YGWB、OGWB 和 CGWB 中含有较为丰富的矿物晶体，如草酸钙（PDF-2004：75-1313）、方解石（PDF-2004：86-0174）和菱镁矿（PDF-2004：89-1304）。相比于 YGWB 和 OGWB，CGWB 的 XRD 图谱中草酸钙吸收峰显著减少，表明在较高的热解温度下，草酸钙容易分解形成碳酸钙等矿物。此外，OGWB 在吸附 Cd^{2+} 后，表面检测到了菱镉矿（PDF-2004：42-1342）和碳酸镉（PDF-2004：52-1547）晶体，这表明 OGWB 对 Cd^{2+} 的吸附过程中发生了矿物沉淀作用，从而产生了新的矿物晶体（Qiu et al.，2018）。

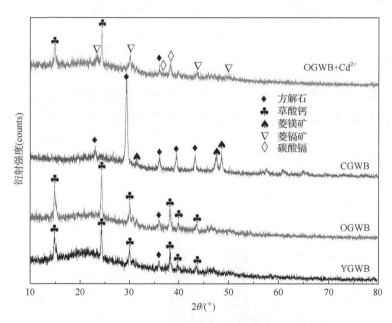

图 7-11　YGWB、OGWB 和 CGWB 的 XRD 结果

counts 表示在特定角度范围内检测到的 X 射线衍射峰的数量

5. 傅里叶红外光谱分析

生物炭表面含有丰富的官能团，可以与游离态的重金属离子发生反应生成不溶的络合物，从而固定重金属（Li et al.，2017b）。为了识别园林废弃物生物炭的表面官能团及其在吸附过程中的作用，对吸附 Cd^{2+} 前后的 YGWB、OGWB 和 CGWB 进行了傅里叶红外光谱分析，结果如图 7-12 所示。可以看到，在 3200～

3700cm^{-1} 和 2700~2900cm^{-1} 处的吸收峰为羟基（—OH）和脂肪族（C—H$_n$）的伸缩振动（Li et al.，2017a；Cantrell et al.，2012）。1630cm^{-1} 处的吸收峰显示园林废弃物经过热解后产生了羧基官能团（—COOH）（Chen et al.，2020；Fan et al.，2020）。而 CGWB 在 1630cm^{-1} 处的吸收峰减弱可能是由于较高的热解温度使生物炭发生脱羧反应（Jeong et al.，2016）。1430cm^{-1} 和 850cm^{-1} 处的吸附峰分别由 COO 和 C—O 官能团振动产生，这表明生物炭表面存在着碳酸盐（Zieba-Palus et al.，2017；Aran et al.，2016）。而吸附 Cd^{2+} 后，生物炭与 Cd^{2+} 发生反应生成碳酸盐导致吸收峰强度减弱，这与 XRD 光谱分析的结果一致（Deng et al.，2017）。1100cm^{-1} 附近的吸收峰则是由木质纤维素的对称 C—O 拉伸产生，750cm^{-1} 处吸收峰为脂肪族的 C—H 扭曲产生（Du et al.，2016；Keiluweit et al.，2010）。脂肪族拉伸强度随热解温度的升高而降低，表明生物炭的碳化程度和芳香性增加。总的来说，吸附 Cd^{2+} 后生物炭表面的—OH 和—CO$_3^{2-}$ 的拉伸变化表明羟基和碳酸盐参与了 Cd^{2+} 的吸附。此外，Yin 等（2020）和 Chen 等（2021）研究发现生物炭表面的羧基（—COOH）能够与 Cd^{2+} 发生公式（7-15）的反应，生成络合物从而固定 Cd^{2+}。

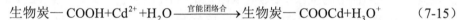

$$生物炭—COOH + Cd^{2+} + H_2O \xrightarrow{\text{官能团络合}} 生物炭—COOCd + H_3O^+ \qquad (7\text{-}15)$$

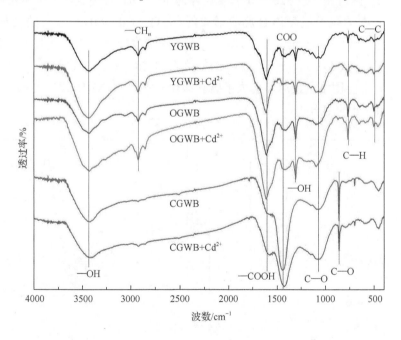

图 7-12　YGWB、OGWB 和 CGWB 吸附 Cd^{2+} 前后的 FTIR 结果

6. X 射线光电子能谱分析

X 射线光电子能谱技术使用 X 射线对样品进行辐射，通过激发样品内原子的内层电子产生光电子，通过分析光电子的能量从而获得样品官能团和原子价态的信息，为阐明生物炭的吸附机制提供理论依据（刘世宏，1988）。

吸附 Cd^{2+} 后的 OGWB 样品的 XPS 分析结果如图 7-13 所示。在吸附 Cd^{2+} 后的全谱图［图 7-13（a）］中出现了 Cd3d 的吸收峰，表明 OGWB 成功地将溶液中的 Cd^{2+} 固定在了生物炭表面。图 7-13（b）中，碳元素在 284.74eV 附近的尖峰为脂肪族或芳香族 C—H、C—C 中的碳原子，占总碳总量的 79.62%，是生物炭中最主要的碳存在形式。这是由于有机质在热解过程中发生脱水和脱氧反应，形成了更紧密的碳骨架（徐楠楠，2014）。在结合能为 286.65 附近的吸收峰表明生物炭表面存在羟基（—C—OH），而与标准图谱中对比形成的偏移可能由于部分羟基与 Cd^{2+} 发生了反应（Xu et al.，2021）。在 288.70eV 处的吸收峰为碳酸盐（—MCO_3）中的碳原子，这与 XRD 和 FTIR 的分析结果相一致（Liu et al.，2018）。O1s 图谱在 532.32eV 处的吸收峰为 M—OH 的特征峰，这主要是 Cd^{2+} 与生物炭表面的羟基发生络合反应形成的（—O—Cd—OH），这一结果与 FTIR 表征结果相一致（Sun et al.，2019）。Cd3d 的吸收峰显示 Cd^{2+} 主要存在形式为 $CdCO_3$ 和 Cd—O（Zhang et al.，2015）。这表明 Cd^{2+} 与生物炭发生了离子交换，矿物沉淀和官能团络合反应，形成了碳酸镉化合物（与 XRD 中的菱镉矿和碳酸镉对应）和 Cd 的络合物。

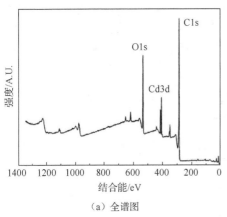

（a）全谱图

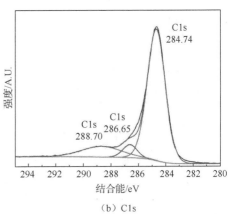

（b）C1s

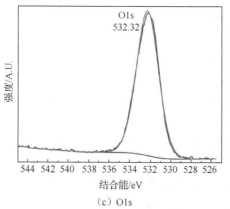
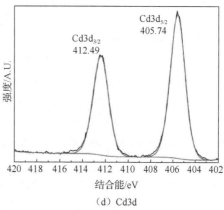

图 7-13　OGWB 吸附 Cd 后的 XPS 图谱

综上所述，园林废弃物生物炭对 Cd^{2+} 的吸附主要包括四种吸附机制，即孔隙填充、离子交换、矿物沉淀和官能团络合作用。

7.6　本 章 小 结

本章针对水环境 Cd 污染问题，以城市园林废弃物为原料制备生物炭，并通过响应面法优化了生物炭的制备过程，研究了热解温度、热解时间和升温速率对生物炭产率和 Cd 吸附量的影响机理，揭示了热解参数与生物炭产率和吸附性能之间存在的矛盾关系。同时通过模型拟合出了最优的制备策略，在保证生物炭吸附性能的基础上获得最大的生物炭产率，从而显著降低了生物炭的制备成本。此外，采用表征技术对生物炭吸附重金属的机理进行了深入研究，阐明了吸附过程中的孔隙填充、离子交换、矿物沉淀和官能团络合机制，为生物炭的实际应用提供了理论基础。

参 考 文 献

李莉, 张赛, 何强, 等, 2015. 响应面法在试验设计与优化中的应用[J]. 实验室研究与探索, 34(8): 41-45.

刘昌汉, 毛乾荣, 1979. 汞的环境毒理学[J]. 环境科学研究(Z2): 23-51.

刘世宏, 1988. X 射线光电子能谱分析[M]. 北京: 科学出版社.

刘瑜, 赵佳颖, 周晚来, 等, 2020. 城市园林废弃物资源化利用研究进展[J]. 环境科学与技术, 43(4): 32-38.

卢光华, 岳昌盛, 彭犇, 等, 2017. 汞污染土壤修复技术的研究进展[J]. 工程科学学报, 39(1): 1-12.

环境保护部, 国土资源部, 2014. 全国土壤污染状况调查公报[EB/OL]. (2014-04-17)[2021-07-18]. https://www.mee. gov.cn/gkml/sthjbgw/qt/201404/W020140417558995804588.pdf.

全国绿化委员会办公室, 2020, 2019 年中国国土绿化状况公报[EB/OL]. (2020-03-12)[2021-07-18]. http://www.forestry. gov.cn/main/63/20200312/101503103980273.html.

谢超然, 王兆炜, 朱俊民, 等, 2006. 核桃青皮生物炭对重金属铅、铜的吸附特性研究[J]. 环境科学学报, 36(4): 1190-1198.

徐楠楠, 林大松, 徐应明, 等, 2014. 玉米秸秆生物炭对 Cd^{2+} 的吸附特性及影响因素[J]. 农业环境科学学报, 33(5): 958-964.

叶希青, 2020. 生物炭去除重金属离子及竞争吸附作用研究[D]. 北京: 中国地质大学, 2020.

岳霞, 刘魁, 林夏露, 等, 2014. 中国七大主要水系重金属污染现况[J]. 预防医学论坛, 20(3): 209-213, 223.

AHMED M B, ZHOU J L, NGO H H, et al., 2016. Progress in the preparation and application of modified biochar for improved contaminant removal from water and wastewater[J]. Bioresource Technology, 214: 836-851.

ANGIN D, 2013. Effect of pyrolysis temperature and heating rate on biochar obtained from pyrolysis of safflower seed press cake[J]. Bioresource Technology, 128: 593-597.

ARAN D, ANTELO J, FIOL S, et al., 2016. Influence of feedstock on the copper removal capacity of waste-derived biochars[J]. Bioresource Technology, 212: 199-206.

BARDESTANI R, ROY C, KALIAGUINE S, 2019. The effect of biochar mild air oxidation on the optimization of lead(II) adsorption from wastewater[J]. Journal of Environmental Management, 240: 404-420.

BORAH L, GOSWAMI M, PHUKAN P, 2015. Adsorption of methylene blue and eosin yellow using porous carbon prepared from tea waste: adsorption equilibrium, kinetics and thermodynamics study[J]. Journal of Environmental Chemical Engineering, 3(2): 1018-1028.

CAI W Q, WEI J H, LI Z L, et al., 2019. Preparation of amino-functionalized magnetic biochar with excellent adsorption performance for Cr(VI) by a mild one step hydrothermal method from peanut hull[J]. Colloids and Surfaces A-physicochemical and Engineering Aspects, 563: 102-111.

CAI W T, CHEN Y, FU K, et al., 2021. International experience of garden waste recycling and its inspiration to China[J]. IOP Conference: Series: Earth and Environmental Science, 791(1): 012195.

CANTRELL K B, HUNT P G, UCHIMIYA M, et al., 2012. Impact of pyrolysis temperature and manure source on physicochemical characteristics of biochar[J]. Bioresource Technology, 107: 419-428.

CHEN Y D, LIN Y C, HO S H, et al., 2018. Highly efficient adsorption of dyes by biochar derived from pigments-extracted macroalgae pyrolyzed at different temperature[J]. Bioresource Technology, 259: 104-110.

CHEN Y N, LI M L, LI Y P, et al., 2021. Hydroxyapatite modified sludge-based biochar for the adsorption of Cu^{2+} and Cd^{2+}: Adsorption behavior and mechanisms[J]. Bioresource Technology, 321: 124413.

CHEN Y N, ZENG Z P, LI Y P, et al., 2020. Glucose enhanced the oxidation performance of iron-manganese binary oxides: Structure and mechanism of removing tetracycline[J]. Journal of Colloid and Interface Science, 573: 287-298.

CUI L M, WANG Y G, HU L H, et al., 2015. Mechanism of Pb(II) and methylene blue adsorption onto magnetic carbonate hydroxyapatite/graphene oxide[J]. RSC Advances, 5(13): 9759-9770.

DENG J Q, LIU Y Q, LIU S B, et al., 2017. Competitive adsorption of Pb(II), Cd(II) and Cu(II) onto chitosan-pyromellitic dianhydride modified biochar[J]. Journal of Colloid and Interface Science, 506: 355-364.

DU Z L, ZHENG T, WANG P, et al., 2016. Fast microwave-assisted preparation of a low-cost and recyclable carboxyl modified lignocellulose-biomass jute fiber for enhanced heavy metal removal from water[J]. Bioresource Technology, 201: 41-49.

ETESAMI H, 2018. Bacterial mediated alleviation of heavy metal stress and decreased accumulation of metals in plant tissues: Mechanisms and future prospects[J]. Ecotoxicology and Environmental Safety, 147: 175-191.

FAN J P, LI Y, YU H Y, et al., 2020. Using sewage sludge with high ash content for biochar production and Cu (II) sorption[J]. Science of the Total Environment, 713: 136663.

FAN S S, WANG Y, WANG Z, et al., 2017. Removal of methylene blue from aqueous solution by sewage sludge-derived biochar: Adsorption kinetics, equilibrium, thermodynamics and mechanism[J]. Journal of Environmental Chemical Engineering, 5(1): 601-611.

GAO Y H, KAZIEM A E, ZHANG Y H, et al., 2018. A hollow mesoporous silica and poly (diacetone acrylamide) composite with sustained-release and adhesion properties[J]. Microporous and Mesoporous Materials, 255: 15-22.

GE J, ZHANG C, SUN Y C, et al., 2019. Cadmium exposure triggers mitochondrial dysfunction and oxidative stress in chicken (Gallus gallus) kidney via mitochondrial UPR inhibition and Nrf2-mediated antioxidant defense activation[J]. Science of the Total Environment, 689: 1160-1171.

HUANG F, GAO L Y, WU R R, et al., 2020. Qualitative and quantitative characterization of adsorption mechanisms for Cd^{2+} by silicon-rich biochar[J]. Science of the Total Environment, 731: 139163.

JARUP L, 2003. Hazards of heavy metal contamination[J]. British Medical Bulletin, 68: 167-182.

JEONG C Y, DADLA S K, WANG J J, 2016. Fundamental and molecular composition characteristics of biochars produced from sugarcane and rice crop residues and by-products[J]. Chemosphere, 142: 4-13.

KAMRAN M, MALIK Z, PARVEEN A, et al., 2019. Biochar alleviates Cd phytotoxicity by minimizing bioavailability and oxidative stress in pak choi (*Brassica chinensis* L.) cultivated in Cd-polluted soil[J]. Journal of Environmental Management, 250: 109500.

KARIMIFARD S, MOGHADDAM M R A, 2018. Application of response surface methodology in physicochemical removal of dyes from wastewater: A critical review[J]. Science of the Total Environment, 640: 772-797.

KATIYAR R, PATEL A K, NGUYEN T B, et al., 2021. Adsorption of copper (II) in aqueous solution using biochars derived from Ascophyllum nodosum seaweed[J]. Bioresource Technology, 328: 124829.

KEILUWEIT M, NICO P S, JOHNSON M G, et al., 2010. Dynamic Molecular Structure of Plant Biomass-Derived Black Carbon (Biochar)[J]. Environmental Science and Technology, 44(4): 1247-1253.

KUNDU A, SEN GUPTA B, HASHIM M A, et al., 2015. Taguchi optimization approach for production of activated carbon from phosphoric acid impregnated palm kernel shell by microwave heating[J]. Journal of Cleaner Production, 105: 420-427.

LENG L J, XIONG Q, YANG L H, et al., 2021. An overview on engineering the surface area and porosity of biochar[J]. Science of the Total Environment, 763: 144204.

LI B, YANG L, WANG C Q, ZHANG Q P, et al., 2017a. Adsorption of Cd(II) from aqueous solutions by rape straw biochar derived from different modification processes[J]. Chemosphere, 175: 332-340.

LI H B, DONG X L, DA SILVA E B, et al., 2017b. Mechanisms of metal sorption by biochars: Biochar characteristics and modifications[J]. Chemosphere, 178: 466-478.

LI K Y, CUI S, ZHANG F X, et al., 2020. Concentrations, possible sources and health risk of heavy metals in multi-media environment of the Songhua River, China[J]. International Journal of Environmental Research and Public Health, 17(5): 1766.

LIU Y C, ZHU X D, WEI X C, et al., 2018. CO_2 activation promotes available carbonate and phosphorus of antibiotic mycelial fermentation residue-derived biochar support for increased lead immobilization[J]. Chemical Engineering Journal, 334: 1101-1107.

MAHDI Z, EL HANANDEH A, YU Q M, 2017. Influence of pyrolysis conditions on surface characteristics and methylene blue adsorption of biochar derived from date seed biomass[J]. Waste and Biomass Valorization, 8(6): 2061-2073.

NOBLET C, BESOMBES J L, LEMIRE M, et al., 2021. Emission factors and chemical characterization of particulate emissions from garden green waste burning[J]. Science of the Total Environment, 798: 149367.

PAULINO A T, MINASSE F A S, GUILHERME M R, et al., 2006. Novel adsorbent based on silkworm chrysalides for removal of heavy metals from wastewaters[J]. Journal of Colloid and Interface Science, 301(2): 479-487.

PELLERA F M, GIANNIS A, KALDERIS D, et al., 2012. Adsorption of Cu(II) ions from aqueous solutions on biochars prepared from agricultural by-products[J]. Journal of Environmental Management, 96(1): 35-42.

QIU Z, CHEN J H, TANG J W, et al., 2018. A study of cadmium remediation and mechanisms: Improvements in the stability of walnut shell-derived biochar[J]. Science of the Total Environment, 636: 80-84.

RAO R A K, IKRAM S, 2011. Sorption studies of Cu(II) on gooseberry fruit (emblica officinalis) and its removal from electroplating wastewater[J]. Desalination, 277(1-3): 390-398.

REDDY D H K, LEE S M, 2013. Application of magnetic chitosan composites for the removal of toxic metal and dyes from aqueous solutions[J]. Advances in Colloid and Interface Science, 201: 68-93.

SHIN J, LEE Y G, LEE S H, et al., 2020. Single and competitive adsorptions of micropollutants using pristine and alkali-modified biochars from spent coffee grounds[J]. Journal of Hazardous Materials, 400: 123102.

SHU T C, TONG L, GUO H W, et al., 2021. Research status of generation and management of garden waste in China: A case of Shanghai[J]. IPO Conference: Series: Earth and Environmental Science, 766: 012074.

SONAI G G, DE SOUZA S M A G U, DE OLIVEIRA, et al., 2016. The application of textile sludge adsorbents for the removal of Reactive Red 2 dye[J]. Journal of Environmental Management, 168: 149-156.

SUI L, TANG C Y, DU Q, et al., 2021. Preparation and characterization of boron-doped corn straw biochar: Fe (II) removal equilibrium and kinetics[J]. Journal of Environmental Sciences, 106: 116-123.

SUN C, CHEN T, HUANG Q X, et al., 2019. Enhanced adsorption for Pb(II) and Cd(II) of magnetic rice husk biochar by $KMnO_4$ modification[J]. Environmental Science and Pollution Research, 26(9): 8902-8913.

TAN X F, LIU Y G, ZENG G M, et al., 2015. Application of biochar for the removal of pollutants from aqueous solutions[J]. Chemosphere, 125: 70-85.

TESSIER A P, CAMPBELL P G C, BISSON M X, 1979. Sequential extraction procedure for the speciation of particulate trace metals[J]. Analytical Chemistry, 51(7): 844-851.

TIAN Y, LI J B, WHITCOMBE T W, et al., 2020. Application of oily sludge-derived char for lead and cadmium removal from aqueous solution[J]. Chemical Engineering Journal, 384: 123386.

TONG Y Q, LIU J F, LIU S Z, 2020. China is implementing "Garbage Classification" action[J]. Environmental Pollution, 259: 113707.

TRAN H N, YOU S J, HOSSEINI-BANDEGHARAEI A, et al., 2017. Mistakes and inconsistencies regarding adsorption of contaminants from aqueous solutions: A critical review[J]. Water Research, 120: 88-116.

TRIPATHI M, BHATNAGAR A, MUBARAK N M, et al., 2020. RSM optimization of microwave pyrolysis parameters to produce OPS char with high yield and large BET surface area[J]. Fuel, 277: 118184.

US EPA, 2014. Toxic and Priority Pollutants under the Clean Water Act. https://www.epa.gov/eg/toxic-and-priority-pollutants-under-clean-water-act.

VIRETTO A, GONTARD N, ANGELLIER-COUSSY H, 2021. Urban parks and gardens green waste: A valuable resource for the production of fillers for biocomposites applications[J]. Waste Management, 120: 538-548.

WANG F, LI H Y, YANG J N, 2014. Utilization and prospect of greening waste biomass energy[J]. Advanced Materials Research, 864-867: 1894-1898.

WANG J L, WANG S Z, 2019. Preparation, modification and environmental application of biochar: A review[J]. Journal of Cleaner Production, 227: 1002-1022.

WANG L W, OK Y S, TSANG D C W, et al., 2020. New trends in biochar pyrolysis and modification strategies: Feedstock, pyrolysis conditions, sustainability concerns and implications for soil amendment[J]. Soil Use and Management, 36(3): 358-386.

WITEK-KROWIAK A, CHOJNACKA K, PODSTAWCZYK D, et al., 2014. Application of response surface methodology and artificial neural network methods in modelling and optimization of biosorption process[J]. Bioresource Technology, 160: 150-160.

YU X N, ZHOU H J, YE X F, et al., 2021. From hazardous agriculture waste to hazardous metal scavenger: Tobacco stalk biochar-mediated sequestration of Cd leads to enhanced tobacco productivity[J]. Journal of Hazardous Materials, 413: 125303.

YANG J W, JI G Z, GAO Y, et al., 2020. High-yield and high-performance porous biochar produced from pyrolysis of peanut shell with low-dose ammonium polyphosphate for chloramphenicol adsorption[J]. Journal of Cleaner Production, 264: 121516.

YAVARI S, MALAKAHMAD A, SAPARI N B, et al., 2017. Sorption properties optimization of agricultural wastes-derived biochars using response surface methodology[J]. Process Safety and Environmental Protection, 109: 509-519.

YIN G C, SONG X W, TAO L, et al., 2020. Novel Fe-Mn binary oxide-biochar as an adsorbent for removing Cd(II) from aqueous solutions[J]. Chemical Engineering Journal, 389: 124456.

ZHANG F, WANG X, YIN D X, et al., 2015. Efficiency and mechanisms of Cd removal from aqueous solution by biochar derived from water hyacinth (*Eichornia crassipes*)[J]. Journal of Environmental Management, 153: 68-73.

ZHANG X, FU W J, YIN Y X, et al., 2018. Adsorption-reduction removal of Cr(VI) by tobacco petiole pyrolytic biochar: Batch experiment, kinetic and mechanism studies[J]. Bioresource Technology, 268: 149-157.

ZHAO B, O'CONNOR, D, ZHANG J L, et al., 2018. Effect of pyrolysis temperature, heating rate, and residence time on rapeseed stem derived biochar[J]. Journal of Cleaner Production, 174: 977-987.

ZHOU R J, ZHANG M, ZHOU J H, et al., 2019. Optimization of biochar preparation from the stem of Eichhornia crassipes using response surface methodology on adsorption of Cd^{2+}[J]. Scientific Reports, 9: 17538.

ZHOU Y Y, LIU X C, TANG L, et al., 2017a. Insight into highly efficient co-removal of p-nitrophenol and lead by nitrogen-functionalized magnetic ordered mesoporous carbon: Performance and modelling[J]. Journal of Hazardous Materials, 333: 80-87.

ZHOU Y Y, LIU X C, XIANG Y J, et al., 2017b. Modification of biochar derived from sawdust and its application in removal of tetracycline and copper from aqueous solution: Adsorption mechanism and modelling[J]. Bioresource Technology, 245: 266-273.

ZHOU Y Y, ZHANG F F, TANG L, et al., 2017c. Simultaneous removal of atrazine and copper using polyacrylic acid-functionalized magnetic ordered mesoporous carbon from water: Adsorption mechanism[J]. Science Reports, 7(1): 43831.

ZIEBA-PALUS J, WESELUCHA-BIRCZYNSKA A, TRZCINSKA B, et al., 2017. Analysis of degraded papers by infrared and Raman spectroscopy for forensic purposes[J]. Journal of Molecular Structure, 1140: 154-162.

ZORNOZA R, MORENO-BARRIGA E, ACOSTA J A, et al., 2016. Stability, nutrient availability and hydrophobicity of biochars derived from manure, crop residues, and municipal solid waste for their use as soil amendments[J]. Chemosphere, 144: 122-130.

第8章 河沼系统农业面源污染负荷估算

水环境污染来源主要包括点源和面源，随着点源污染治理力度的加强，面源污染特别是农业面源污染逐渐成为区域水环境污染的主要来源。大量有毒有害污染物以及氮磷等营养元素被排放到水体中，导致水体溶解氧含量减少以及富营养化等水环境污染问题，不仅打破了生态系统平衡，同时对水生生物栖息地及流域水环境质量产生了严重影响。与点源污染相比，农业面源污染具有随机性、分散性、滞后性、潜伏性、形成机理复杂、监测难度大等特点。因此，精确估算农业面源污染负荷，识别其演变规律及影响机制，对农业面源污染治理与防控具有重要意义。

8.1 农业面源污染负荷估算模型原理

农业面源污染的形成与施肥量、施肥时间、作物种植结构、土壤侵蚀、地表径流、大气沉降等多种因素密切相关。其中，肥料的过量施用是造成农业面源污染的主要原因，而肥料的施用量和施用时间与作物种植结构密切相关。施肥量与施肥时间需根据作物需求进行合理规划，过量施肥将导致肥料大量流失，并随着淋溶、径流和泥沙运移等过程对地下水和地表水造成污染。因此，农业面源污染负荷的估算应充分考虑氮磷输移的环境过程，揭示农业面源污染负荷时空演变影响机制，才能对农业面源污染进行有效防控。

为此，本章所构建的农业面源污染负荷估算模型充分考虑了氮磷循环的环境过程，即养分的输入与输出情况。根据质量平衡原理，流域范围内氮磷负荷在一个时期内应遵循：输入量（I）=输出量（O）+残留量（R）。其中，输入量主要为肥料的施入量以及上期土壤肥料残留；输出量主要包括地表径流流失、地下淋溶损失、植物的吸收以及大气挥发等；残留量主要指当期土壤中氮磷负荷的残留量。农业面源污染氮磷负荷即输出过程中地表径流流失部分。由于研究区冬季冰封期较长，因此本书仅估算作物生长期的逐月农业面源污染负荷。农业面源污染负荷（单位：kg）估算公式如下：

$$F + R' = S + S_0 + U + V + R \tag{8-1}$$

式中，F 为施肥量；R' 为上期土壤肥料残留量；S 为地表径流流失量；S_0 为淋溶损失量；U 为植物吸收量；V 为大气挥发量；R 为当期土壤中氮磷负荷的残留量。

8.2　农业面源污染负荷估算模型构建

对于施肥量（F），通过查阅《黑龙江省统计年鉴》获取了 1991～2017 年黑龙江省氮肥、磷肥施用量（折纯量）及作物种植面积，作物种植类型主要以玉米、水稻、小麦及大豆为主，由于肥料施用主要集中在玉米和水稻，因此本书将种植结构简化为水田作物以水稻为主，旱田作物以玉米为主。根据实地调查结果，施肥方式统一设置为：①水稻全生育期内的氮肥按基肥 50%、蘗肥 35%、穗肥 15%施入；②玉米全生育期内的氮肥按 60%作为基肥、40%作为追肥施入；③水稻和玉米的磷肥全部作为基肥于播种时一次性施入。

单位面积施肥量计算公式如式（8-2）所示：

$$F_{\text{per-}ij} = F_{\text{H-}ij} / A_{\text{H-}j} \tag{8-2}$$

式中，$F_{\text{per-}ij}$ 为黑龙江省单位面积施肥量，kg；$F_{\text{H-}ij}$ 为黑龙江省年施肥量，kg；$A_{\text{H-}j}$ 为黑龙江省种植面积，hm^2；i 为肥料类型（氮肥或磷肥）；j 为作物类型（水稻或玉米）。

在地理空间数据云（http://www.gscloud.cn/sources）下载了 1991 年、1996 年、2003 年、2014 年 4 期遥感影像数据，通过目视解译与监督分类等方法，获取了七星河流域水田及旱田面积，由式（8-3）计算得出七星河流域施肥量：

$$F_{ij} = F_{\text{per-}ij} \times A_{\text{Q-}ij} \tag{8-3}$$

式中，F_{ij} 为七星河流域施肥量，kg；$A_{\text{Q-}ij}$ 为七星河流域种植面积，hm^2。在求解该方程时，作如下假设：1991～1995 年、1996～2002 年、2003～2013 年以及 2014～2017 年各时段内农田面积未发生较大改变，通过公式（8-3）计算得出七星河流域1991～2017 年逐年施肥量。

对于植物吸收量（U），参考相关文献，水稻全生育期氮素吸收率为36.8%～64.9%（肖荣英等，2019；Liu et al.，2016；Ma et al.，2012），假设64.9%为施肥期作物吸收率，36.8%为其他时期作物吸收率。水稻对磷肥的利用率为10%～25%，取平均值17.75%为水稻对磷肥的吸收率，根据水稻各生育期吸收磷肥占全生育期吸收磷肥总量的比例，推求各月作物吸收率（马进川，2018；Sun et al.，2018；沈浦，2014）。玉米在全生育期对氮肥和磷肥的利用率分别为35%和19.9%～38.7%（Jin et al.，2019；Liu et al.，2016；范秀艳等，2013；石岳峰等，2009），假设平均值29.3%为玉米对磷肥的吸收率。根据玉米各生育期吸收肥料占全生育期吸收肥料总量的比例，推求各月作物吸收率（丁亨虎等，2019；Duan et al.，2019；Gao et al.，2017；刘景辉等，1995）。

对于大气挥发量（V），参考相关文献，在作物吸收的氮中，有13%～16%通过水稻氮素挥发等其他途径损失，约6%通过部分老叶和死亡器官损失掉（刘中卓，2016；Gu et al.，2015），假设水稻吸收氮素的20%被大气挥发损失，玉米挥发的氮素占总输入的11%（Gu et al.，2017）。

地表径流流失和地下淋溶损失参考《全国农田面源污染排放系数手册》（任天志等，2015），其中水稻中总氮和总磷的地表径流流失系数分别为0.397%和0.1%，玉米中总氮和总磷的地表径流流失系数分别为0.198%和0.075%，玉米中总氮和总磷的地下淋溶损失系数分别为0.5%和0.067%，水稻的地下淋溶部分暂无数据。

土壤中氮磷负荷残留部分依据质量平衡有

$$R = F + R' - \left(S + S_0 + U + V\right) \tag{8-4}$$

其中，由于磷肥的利用率较低，残留在土壤中的磷主要为无机磷，占95%以上（Wang et al.，2018；闫湘，2008），少量有机磷可作为营养物质被作物吸收利用，假设上期土壤磷素残留的5%为当期的土壤磷素残留量。

因此，该模型在计算所有分量后可整合为以下形式：

$$S_{ij} = \{F_{ij} + [(F_{ij} + R'_{ij}) - (U_{ij} + V_{ij} + S_{ij} + S_{0ij})]'_{ij}\} \times K_{ij} \tag{8-5}$$

式中，K_{ij}表示肥料流失系数，带上标"'"的变量表示上期残留负荷。

8.3　单位面积农田施肥量解析

黑龙江省耕地单位面积施肥量如图 8-1 所示，1991～1994 年，单位面积氮磷施用量迅速增加，4 年内单位面积施氮量从 54.7kg/hm² 增加到 70.9kg/hm²，施磷量从 26.9kg/hm² 增加到 40.6kg/hm²。1995～2004 年，由于施肥总量及作物种植面积呈波动式变化，单位面积施肥量随之呈波动式上升，在 2004 年达到最大值，其中单位面积施氮量为 74.8kg/hm²，单位面积施磷量为 44.1kg/hm²。而与 2004 年相比，2005 年单位面积施肥量急剧下降，其中施氮量下降了 16.9%，施磷量下降了 17.2%。虽然氮磷施用总量有小幅度增加，但由于大豆种植面积的迅速增加，作物种植总面积增幅较大，加之大豆种植施肥量较小，进而导致单位面积施肥量迅速下降。2005 年以后，尽管施肥总量和作物种植面积均呈现出上升趋势，但单位面积施肥量总体上呈现出先上升后下降的趋势。

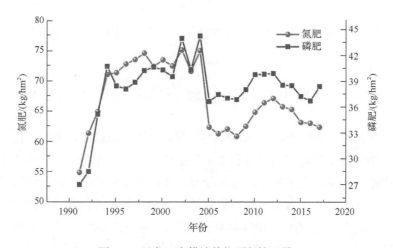

图 8-1　黑龙江省耕地单位面积施肥量

8.4　流域农田面积演变趋势

通过解译 1991 年、1996 年、2003 年及 2014 年 4 个时期遥感影像数据，获取了七星河流域农田面积。如图 8-2 所示，4 个时期七星河流域农田面积总体呈上升趋势，从 1991 年到 2014 年，旱田面积由 84066hm² 增加到 106751hm²，增幅达

27%，水田面积由 33627hm^2 增加到 42700hm^2，增幅达 26.9%，4 个时期旱田面积约为水田面积 2.5 倍，旱田为七星河流域主要农田类型。

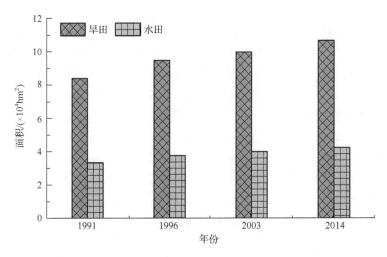

图 8-2　七星河流域 1991 年、1996 年、2003 年及 2014 年水田和旱田面积

8.5　农业面源污染负荷估算结果验证与分析

因估算数据为氮磷负荷数据，实测数据为总氮和总磷浓度数据，因此将估算的逐月氮磷负荷除以月径流量得到总氮及总磷估算的月平均浓度。由于七星河流域氮磷浓度历史监测数据不足，且月径流量数据存在部分缺失，无法对估算数据进行逐年、逐月验证，为此，我们监测了 6 月和 7 月的总氮和总磷浓度（2018～2019 年）。此外，受 2002～2004 年以及 2014 年后七星河流域水文监测资料获取局限性的影响，本书未估算 2002～2004 年以及 2014 年后的逐月氮磷负荷，因此本章将 1991～2014 年 6 月和 7 月估算数据与实测值的整体趋势进行了比较，以分析估算模型的合理性。

七星河流域 6 月总氮、总磷估算值与实测值对比如图 8-3 所示。2018 年和 2019 年总氮浓度实测值分别为 1.38mg/L 和 1.12mg/L，总磷浓度实测值分别为 0.17mg/L 和 0.20mg/L。总氮浓度估算范围为 0.32～3.25mg/L，平均值为 1.84mg/L，估算值是实测值的 0.2～2.9 倍。总磷浓度估算范围为 0.06～0.74mg/L，平均值为 0.42mg/L，估算值是实测值的 0.1～4.4 倍。6 月总氮浓度估算值在 1991 年、1992 年、1994 年、1997 年和 2013 年 5 个时期均低于实测值，同时这 5 个时期的径流量均高于多年平均径流量；1995 年、2008 年和 2009 年 3 个时期总氮浓度估算值介于 2018 年和 2019 年的实测值之间，同时这 3 个时期的径流量均低于多年平均径流量。其他时期的总氮浓度估算值均高于实测值。而总磷浓度估算值在 1991 年、1994 年、1997 年、2006 年、2007 年和 2013 年 6 个时期的实测值与估算值较为接近，除 1991 年估算值低于实测值外，其他时期估算值均高于实测值。与总氮估算结果验证情况相同，总磷估算值在径流量较高的年份均低于实测值，而径流量较低的年份，总磷估算值高于实测值。

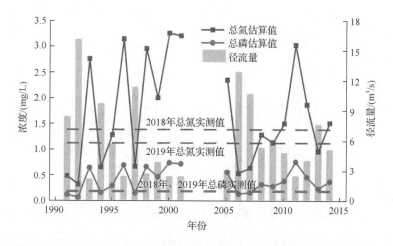

图 8-3　七星河流域 6 月估算值与实测值对比（1991～2001 年、2005～2014 年）

七星河流域 7 月总氮、总磷估算值与实测值对比如图 8-4 所示。2019 年 7 月总氮和总磷浓度实测值分别为 0.77mg/L 和 0.31mg/L。总氮浓度估算范围为 0.08～4.63mg/L，平均值为 1.44mg/L，估算值是实测值的 0.1～6.0 倍。总磷浓度估算范围为 0.02～1.25mg/L，平均值为 0.33mg/L，估算值是实测值的 0.1～3.8 倍。7 月总氮浓度估算值仅在 1991 年和 1994 年低于实测值，而 1993 年、1997 年、1999 年、2000 年、2005 年、2007 年、2008 年和 2011 年 8 个时期均不同程度高于实测值，其他时期估算值与实测值较为接近。与总氮相似，总磷估算值在 1993 年、1997 年、1999 年、2000 年、2005 年、2007 年、2008 年均高于实测值，而 1992 年、1996 年、1998 年、2006 年、2010 年、2011 年、2012 年和 2014 年与实测值较为接近，其他时期均低于实测值。与 6 月估算结果相同，径流量较高的时期，总氮和总磷估算值低于实测值，而径流量较低的时期，总氮和总磷估算值高于实测值。由于估算浓度根据估算负荷除以径流量计算得出，因此估算浓度随径流量的变化而变化，径流量越大，估算浓度越小，反之，径流量越小，估算浓度越大，径流量是影响水体污染物浓度的重要因素。本章通过对比实测值与估算值来验证估算结果的准确性，结果表明估算值与实测值总体上处于同一数量级，模型估算结果可信度较高。

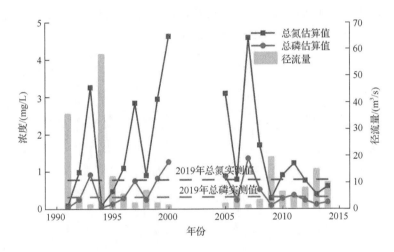

图 8-4　七星河流域 7 月估算值与实测值对比（1991～2001 年、2005～2014 年）

七星河流域农业面源污染年负荷估算值如图 8-5 所示。总氮、总磷年际分布同黑龙江省单位面积施肥量变化趋势一致，总体呈现先急速上升后波动上升的趋势，流域内农业面源污染负荷受作物施肥量和种植面积的双重影响。1991～1995年，总氮和总磷负荷上升较快，总氮负荷从 43t 增加到 84t，增加了近 1 倍，总磷负荷由 16t 增加到 27t，增加了 0.7 倍。主要是该时期内单位面积施肥量的逐年增加，且受农垦开发影响，农田面积也逐年增加，导致该时期内农业面源污染负荷急剧增加。1995～2004 年，总氮和总磷负荷呈缓慢上升趋势，在 2004 年达到最大值，总氮负荷为 96t，总磷负荷达到 33t，2005 年氮磷负荷急剧下降，这是由于种植结构的改变，单位面积施肥量急剧减少，造成氮磷负荷降低。2005 年以后，氮磷负荷又呈现缓慢上升趋势，主要是种植面积逐年增加，导致面源污染负荷逐年升高。

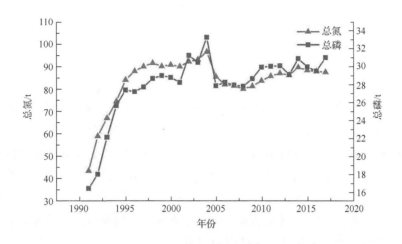

图 8-5　七星河流域农业面源污染年负荷估算值（1991～2017 年）

8.6　农业面源污染负荷估算模型不确定性分析与改进

根据估算模型估算及验证结果，估算模型不确定性包括以下几个方面：①为简化研究，将流域内作物种植类型简化为玉米和水稻，忽略了大豆施肥的影响，虽然大豆单位面积的施肥量较低，但在研究初期，大豆种植面积较大，因此大豆施肥总量占比相对较高，这可能对估算结果产生一定影响。后续研究可在作物类型中增加大豆，以期进一步完善估算模型。②估算模型中输入部分仅考虑肥料的施入及土壤残留部分，而未详细考虑植物固定与种子中含有的氮磷等以还田及其他形式的营养物迁移过程，且肥料的施入未考虑有机肥（粪肥）部分，将这些过程增加至估算模型输入项中，可进一步完善估算模型。③模型输出部分未考虑氮磷随作物果实的输出，后续研究可增加考虑果实中氮磷的迁移过程。④本章中关于作物吸收部分仅参考相关文献，分别假设了施肥期和非施肥期作物吸收营养物占比，下一步可进一步细化各生长发育期作物的吸收利用率。⑤由于仅有 2018 年 6 月及 2019 年 6 月、7 月共 3 次实测数据，因此评价模型准确性时有效数据较少，若能获得更多实测数据，可进一步增强估算模型的可靠性。

8.7　本　章　小　结

　　本章依据质量平衡原理建立了农业面源污染氮磷负荷估算模型，对 1991～2017 年七星河流域农业面源污染氮磷负荷进行了估算，得到了 1991～2017 年逐月农业面源污染负荷估算数据，并结合实测数据进行对比分析，结果表明估算数据与实测数据处于同一数量级内，结果具有一定的可信度。实测数据与估算数据存在的差异：一方面是由于估算模型的不确定性造成估算结果存在一定差异；另一方面是由于实测值代表了采样时的瞬时值，受径流量影响较大，因此实测数据同样具有不确定性。根据模型估算结果，施肥量、作物种植类型及种植面积是七星河流域农业面源污染负荷的主要影响因素。

参 考 文 献

丁亨虎, 刘克芝, 吴家琼, 等, 2019. 春玉米氮磷钾肥料效应及肥料利用率研究[J]. 现代农业科技(1): 8-11, 17.

范秀艳, 杨恒山, 高聚林, 等, 2013. 施磷方式对高产春玉米磷素吸收与磷肥利用的影响[J]. 植物营养与肥料学报, 19(2): 312-320.

刘景辉, 刘克礼, 1995. 春玉米需磷规律的研究[J]. 内蒙古农牧学院学报(2): 19-26.

刘中卓, 2016. 水稻氮素利用研究进展[J]. 北方水稻, 46(2): 54-58.

马进川, 2018. 我国农田磷素平衡的时空变化与高效利用途径[D]. 北京: 中国农业科学院.

任天志, 刘宏斌, 范先鹏, 等, 2015. 全国农田面源污染排放系数手册[M]. 北京: 中国农业出版社.

沈浦, 2014. 长期施肥下典型农田土壤有效磷的演变特征及机制[D]. 北京: 中国农业科学院.

石岳峰, 张民, 张志华, 等, 2009. 不同类型氮肥对夏玉米产量、氮肥利用率及土壤氮素表观盈亏的影响[J]. 水土保持学报, 23(6): 95-98.

肖荣英, 王开斌, 刘秋员, 等, 2019. 施氮量对水稻产量、氮素吸收及土壤氮素平衡的影响[J]. 河南农业大学学报, 53(4): 495-502.

闫湘, 2008. 我国化肥利用现状与养分资源高效利用研究[D]. 北京: 中国农业科学院.

DUAN J Z, SHAO Y H, HE L, et al., 2019. Optimizing nitrogen management to achieve high yield, high nitrogen efficiency and low nitrogen emission in winter wheat[J]. Science of the Total Environment, 697: 134088.

GAO B, HUANG Y F, HUANG W, et al., 2018. Driving forces and impacts of food system nitrogen flows in China, 1990 to 2012[J]. Science of the Total Environment, 610: 430-441.

GU B J, JU X T, CHANG J, et al., 2015. Integrated reactive nitrogen budgets and future trends in China[J]. Proceedings of the National Academy of Sciences of the United States of America, 112(28): 8792-8797.

GU B J, JU X T, CHANG S X, et al., 2017. Nitrogen use efficiencies in Chinese agricultural systems and implications for food security and environmental protection[J]. Regional Environmental Change, 17(4): 1217-1227.

JIN G, LI Z H, DENG X Z, et al., 2019. An analysis of spatiotemporal patterns in Chinese agricultural productivity between 2004 and 2014[J]. Ecological Indicators, 105: 591-600.

LIU W F, YANG H, LIU J G, et al., 2016. Global assessment of nitrogen losses and trade-offs with yields from major crop cultivations[J]. Science of the Total Environment, 572: 526-537.

MA L, VELTHOF G L, WANG F H, 2012. Nitrogen and phosphorus use efficiencies and losses in the food chain in China at regional scales in 1980 and 2005[J]. Science of the Total Environment, 434: 51-61.

SUN C, CHEN L, ZHAI L, et al., 2018. National-scale evaluation of phosphorus emissions and the related water-quality risk hotspots accompanied by increased agricultural production[J]. Agriculture Ecosystems and Environment, 267: 33-41.

WANG M, MA L, STROKAL M, et al., 2018. Hotspots for nitrogen and phosphorus losses from food production in China: A County-Scale Analysis[J]. Environmental Science and Technology, 52(10): 5782-5791.

第9章 | 河沼系统农业面源污染数值模拟

为识别农业面源污染对河沼系统水生态环境产生的不利影响，需要充分了解农业面源污染与区域水环境质量间的相互作用关系，以及农业面源污染对作物不同管理模式的响应机制，而数值模拟技术是农业面源污染防控及主控影响因子识别的有效手段。采用基于过程的分布式水文模型不仅可对农业面源污染进行全过程跟踪模拟，还可弥补环境观测难以刻画农业面源污染物环境行为的科学认知。而在众多模型中，SWAT 模型因其在水文循环、土地利用以及流域管理的长期连续模拟中展现出的强大功能而得到广泛应用。因此，本章应用 SWAT 模型对河沼系统农业面源污染进行模拟研究，以期为农业面源污染防控提供技术支撑。

9.1 数据收集与数据库构建

9.1.1 基础数据库构建

SWAT 模拟面源污染需要构建空间和属性两种数据库：空间数据库包括数字高程模型（digital elevation model，DEM）数据、土地利用数据、土壤数据，属性数据库包括土壤属性数据、作物管理数据、气象数据与水文水质数据（表 9-1）。

表 9-1　SWAT 模型数据类型及来源

数据类型	精度	描述	来源
数字高程模型数据（DEM）	30m×30m	地面和河道的高程、坡度和长度	中国科学院地理空间数据云平台（http://www.gscloud.cn）
土地利用数据	1km×1km	土地利用类型分类	美国马里兰大学全球土地利用数据库（http://glcf.umd.edu）

续表

数据类型	精度	描述	来源
土壤数据	1∶100 万	土壤类型分类	寒区旱区科学数据中心 （http://westdc.westgis.ac.cn）
气象数据		2001~2010 年逐日降水量、日最高最低 气温、相对湿度和太阳辐射	中国气象数据网（http://data.cma.cn）
水文水质数据		2005~2010 年保安站逐月径流量数据、 2005~2008 年 4~10 月七星河湿地入口 处水质数据	黑龙江省水文年鉴、 第 8 章估算结果
作物管理数据		肥料施用、作物管理等数据	黑龙江省统计年鉴、实地调查
土壤属性数据		土壤参数数据	世界土壤数据库、SPAW 软件计算、 公式计算

由于 SWAT 模型要求所有栅格数据必须有统一的投影方式和地理坐标，因此将研究区内投影坐标系统统一变换为 WGS_1984_UTM_Zone_52N，地理坐标系统统一变换为 GCS_WGS_1984。

DEM 用于获取河网提取、子流域划分以及水文响应单元（hydrological response units，HRU）设置，不同分辨率的 DEM 数据对河网提取、径流模拟产生不同影响。Nazari-Sharabian 等（2020）的研究表明，使用分辨率在 20~150m 的 DEM 数据能获得良好的模拟结果。因此，应用中国科学院地理空间数据云平台（http://www.gscloud.cn）提供的最新地球电子地形 ASTER GDEM 90m 分辨率的数字高程数据。利用 ArcGIS 中 Extract by Mask 工具裁剪稍大于流域范围的掩膜（即 $131°8'40.92''E$~$132°45'41.04''E$，$46°10'10.92''N$~$46°54'10.8''N$），实现在不影响研究效果的前提下最大程度提高模型的运行效率。由于七星河流域位于平原地区，利用模型划分出的河网分布与真实河网分布存在一定的差别，为更好地生成与实际较符合的河网水系，需要输入数字化河网。本章利用谷歌地图（Google Earth）进行河道数字化，并使用 ArcGIS 中的转换工具储存为.shp 格式，通过 Burn-in 添加至 SWAT 模型中，对河网数据进行校正。最终将七星河流域划分为 25 个子流域、279 个水文响应单元（图 9-1）。

不同土地利用类型是影响流域面源污染形成与时空分布特征的重要因素，即通过影响降水在陆面的产汇流过程，进而影响流域内的水文循环过程。SWAT 模型模拟需要的土地利用数据包括空间分布图及索引表。本章使用美国马里兰大学（University of Maryland，UMD）提供的 1km 分辨率 MODIS 土地利用数据（http://glcf.umd.edu），并对土地利用类型进行重分类，使其满足 SWAT 模型要求。

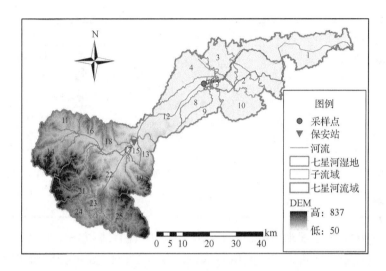

图 9-1　七星河流域 DEM 及水系分布图

研究区域共有林地、草地、水体、农田和居民地 5 种土地利用类型（图 9-2），通过索引表建立 5 种 UMD 土地利用数据与 SWAT 土地利用/作物分类数据库中同种土地利用类型之间的联系，实现模型运行时两种数据库之间的转换。

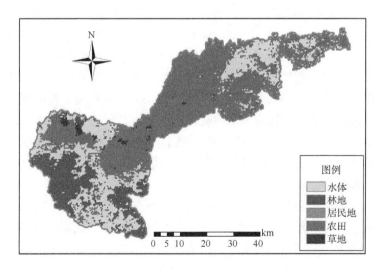

图 9-2　七星河流域土地利用分布图

土壤属性数据来源于联合国粮农组织（Food and Agriculture Organization of the United Nations，FAO）和国际应用系统分析研究所（International Institute for Applied Systems Analysis，IIASA）构建的世界土壤数据库（Harmonized World Soil Database，HWSD）中的土壤数据集（Fischer et al.，2008），分辨率为 1 km，其中研究区土壤类型（空间数据）数据源为全国第二次土地调查时期中国科学院南京土壤研究所提供的 1∶100 万土壤数据。根据研究需要，将土壤数据沿着流域边界裁剪，得到研究区的土壤数据（图 9-3）。研究区的土壤类型主要有暗棕壤、草甸土和沼泽土，暗棕壤主要集中于地势较高的地区，草甸土多集中于中游，沼泽土主要分布于下游。因原始土壤数据与 SWAT 模型要求的数据格式有所差异，因此同样需要对土壤类型进行重分类，得到符合模型要求的土壤类型数据。

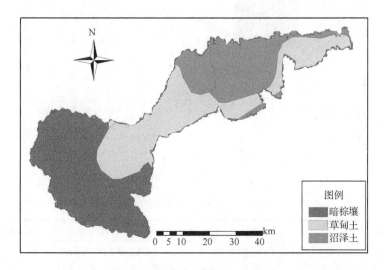

图 9-3　七星河流域土壤类型分布图

土壤属性数据是 SWAT 模型的基础数据，对水文响应单元的水循环过程会产生重要影响。本章中土壤分两层，即 0～30cm 和 30～100cm，土壤属性数据中涉及的土壤参数 SOL_Z（各土层底层到土壤表层的深度）、SOL_ZMX（土壤剖面的最大根系深度）、SOL_CBN（有机碳含量）、SOL_EC（电导率）等可通过查询 HWSD 数据库直接获取（李爽，2012），SOL_BD（土壤的湿容重）、SOL_AWC（土壤的有效含水量）、SOL_K（饱和渗透系数）等参数由美国华盛顿州立大学开发的土壤水特性软件 SPAW（Soil Plant Atmosphere Water）计算（张秋玲，2010）（图 9-4）。

由于 HWSD 数据采用美国农业部（United States Department of Agriculture，USDA）分级制，因此不必再对其土壤粒径含量进行转换。HYDGRP（土壤水文分组）、USLE_K（土壤可侵蚀 K 因子）等参数可根据相关经验公式求得（李成六，2011）。土壤水文分组如表 9-2 所示。将构建的土壤属性数据库添加至 SWAT 数据库中，并建立.sol 索引表。

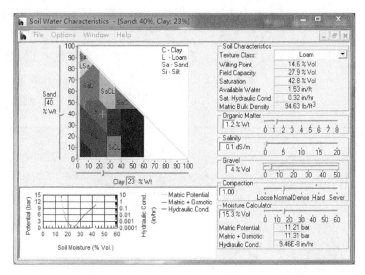

图 9-4　SPAW 软件计算

表 9-2　SWAT 土壤水文分组

土壤水文分组	土壤水文性质	最小下渗率/（mm/h）
A	在完全湿润的条件下具有较高渗透率的土壤。这类土壤主要由砂砾石组成，有很好的排水、导水能力（产流量低）。如：厚层沙、厚层黄土、团粒划粉沙土	7.26～11.43
B	在完全湿润的条件下具有较低渗透率的土壤。这类土壤排水、导水能力都属于中等水平。如：薄层黄土、沙壤土	3.81～7.26
C	在完全湿润的条件下具有较低渗透率的土壤。这类土壤大多有一个阻碍水流向下运动的层，下渗率和导水能力较低。如：黏壤土、薄层沙壤土、有机质含量低的土壤、黏质含量高的土壤	1.27～3.81
D	在完全湿润的条件下具有很低渗透率的土壤。这类土壤主要由黏土组成，有很高的涨水能力，大多有一个永久的水位线，黏土层接近地表，其深层土几乎不影响产流，具有很低的导水能力。如：吸水后显著膨胀的土壤、塑性的黏土、某些盐渍土	0.00～1.27

气温、降水量和太阳辐射等数据对水文过程、作物生长和营养物迁移、转化等均具有重要影响。气象数据采用宝清气象站与富锦气象站 2001～2010 年的逐日气象数据，来自中国气象网（http://data.cma.cn/），主要包括最高气温、最低气温、降水量、风速和相对湿度，太阳辐射利用 Angtrom-Prescott 方程（童成立等，2005）计算，公式如下：

$$H = H_L \left[a + b(S/S_L) \right] \tag{9-1}$$

$$H_L = 0.8 \times H_0 \tag{9-2}$$

$$H_0 = \frac{24}{\pi} I_{SC} E_0 \left[W_{SR} \sin\delta \sin\theta + \cos\delta \cos\theta \sin W_{SR} \right] \tag{9-3}$$

$$I_{SC} = 4.921 MJ / \left(m^2 \cdot h \right) \tag{9-4}$$

$$W_{SR} = \arccos\left(-\tan\delta \tan\theta \right) \tag{9-5}$$

$$\delta = \arcsin\left\{ 0.4\sin\left[\frac{2\pi}{365}\left(d_n - 82 \right) \right] \right\} \tag{9-6}$$

$$E_0 = \left(r_0/r \right)^2 = 1 + 0.033\cos\left(2\pi d_n / 365 \right) \tag{9-7}$$

式中，H 为日实测总辐射；H_L 为晴天状态下的日总辐射；S 和 S_L 分别为日照时数和日长；a 和 b 为经验参数，一般根据太阳辐射实测值回归模拟得到；H_0 为大气上空太阳辐射；I_{SC} 为太阳常数；E_0 为地球轨道偏心率矫正因子；W_{SR} 为时角；δ 为太阳赤纬；θ 为地理纬度；d_n 为日序数。

9.1.2　水文水质数据库构建

水文与水质数据分别用于模型的水文和水质参数率定与验证，2005～2010 年保安站逐月径流量历史监测资料来源于黑龙江省水文年鉴，水质数据来源于第 8 章的氮磷负荷（浓度）估算结果。

9.1.3　作物管理数据库构建

作物管理数据主要包括作物种类、种植结构、施肥和收获等情况，存于 .mgt文件中。在输入数据库前，需首先完成耕作数据库（till.dat）、肥料数据库（fert.dat）

等基础数据库构建（时迪迪等，2020）。我们通过实地调查获取了七星河流域种植结构及生产资料施用方式，该流域旱田以玉米为主，有部分小麦和大豆。为方便研究，将研究区内旱田作物覆盖类型设置为玉米，水田作物覆盖类型设置为水稻。生产资料施用方式如表 9-3 所示。对旱田而言，玉米以二胺为底肥，第一次追肥以钾肥为主，第二次追肥以尿素为主。对水田而言，以益农肥为底肥，硫酸铵为第一次追肥，尿素为第二次追肥。其中：二胺含氮量（以下均为折纯量）18.00%，含磷量48.00%；尿素含氮量46.67%；硫酸铵含氮量21.00%；益农肥含氮量12.00%，含磷量18.00%。研究区耕作方式在作物收获后主要以机耕为主，耕作次数为一年一耕，耕作深度为 15.00～20.00cm。

表 9-3　七星河流域作物管理措施

作物类型	肥料种类	施肥量/（kg/hm²）	时间
玉米	二胺	200.00	4 月 20 日
	尿素	300.00	6 月 10 日
水稻	益农肥	350.00	4 月 20 日
	硫酸铵	100.00	5 月 20 日
	尿素	200.00	6 月 10 日

9.2　模型参数率定与验证

当模型结构和输入参数初步确定后，使用 SWAT-CUP 中的 SUFI-2 在率定期对敏感性参数进行率定，经参数率定得到最佳参数的校准值后，将其代入验证期进行验证。通常将所使用的数据资料分为两部分，一部分用于模型参数率定，一部分用于模型参数验证（Xu et al.，2016）。受研究区基础数据获取局限性的影响，本书获取的基础数据中仅 2005～2010 年逐月径流数据最为完整，且数据质量较高，而其他时段的水文水质数据均存在不同程度的缺失，因此本章选取 2005～2010 年作为模拟时段。本章模型预热期为 4 年（2001～2004 年），2005～2007 年为径流率定期，2008～2010 年为径流验证期。2005～2006 年为水质率定期，2007～2008 为水质验证期。由于第 8 章仅估算了植物生长期内的农业面源污染负荷，因此利用每年 4 月至 10 月的逐月总氮、总磷负荷估算数据进行水质参数的率定与验证。

9.3 模型适用性评价

本章选用决定系数 R^2 和纳什系数 E_{NS} 评价模型的适用性（Nash et al., 1970）。其中，决定系数 R^2 用于评价实测值和模拟值之间的拟合程度，R^2 越接近 1，拟合效果越好。纳什系数 E_{NS} 表示模型的总体效率，其值越高，表明模型的适用性越好，如果 E_{NS} 为负值，则意味着模拟效果较差（Nash et al., 1970）。根据以往研究经验（张晓晗等，2018；Moriasi et al., 2007），当 $E_{NS} \geqslant 0.75$ 时可以认为模拟效果好；$0.36 \leqslant E_{NS} < 0.75$ 时模拟效果令人满意；$E_{NS} < 0.36$ 时模拟效果不好。其计算方法如下：

$$R^2 = \frac{\left[\sum\limits_{i=1}^{n}(O_i - \overline{O})(S_i - \overline{S})\right]^2}{\sum(O_i - \overline{O})^2 \sum(S_i - \overline{S})^2} \tag{9-8}$$

$$E_{NS} = 1 - \frac{\sum\limits_{i=1}^{n}(O_i - S_i)^2}{\sum\limits_{i=1}^{n}(O_i - \overline{O})^2} \tag{9-9}$$

式中，O_i 为观测值；$\overline{O}$ 为观测值的平均值；S_i 为模拟值；$\overline{S}$ 为模拟值的平均值；i 为子流域序号；n 为子流域数量。

9.4 率定与验证结果分析

通过参数自动率定及手动调参，每次迭代模拟 1000 次，径流量调参共进行 7 次迭代，总氮负荷调参共进行 4 次迭代，总磷负荷调参共进行 5 次迭代。径流量模拟值与实测值较吻合，总氮负荷和总磷负荷模拟值与估算值较吻合，径流量率定期 R^2 为 0.79，E_{NS} 为 0.78，验证期 R^2 为 0.70，E_{NS} 为 0.68（图 9-5）。总氮负荷率定期 R^2 为 0.91，E_{NS} 为 0.91，验证期 R^2 为 0.75，E_{NS} 为 0.40（图 9-6）。总磷负荷率定期 R^2 为 0.70，E_{NS} 为 0.58，验证期 R^2 为 0.94，E_{NS} 为 0.67（图 9-7）。结果表明，SWAT 模型在七星河流域模拟径流量和面源污染负荷方面有较好的适用性。

模拟数据和观测数据之间的偏差可以用降水数据以及观测和估计的不确定性来解释。此外，污染物输送过程复杂，水力条件和土壤属性都会对模拟数据产生很大影响（Wang et al.，2018）。

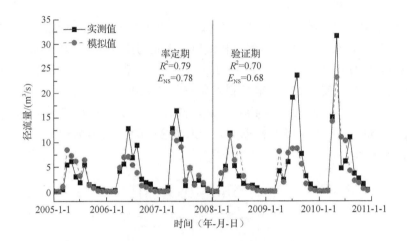

图 9-5 七星河流域径流量模拟结果

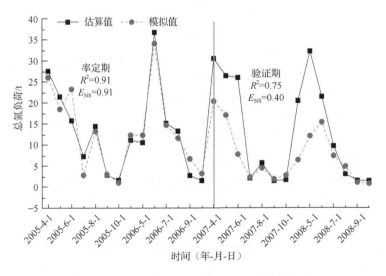

图 9-6 七星河流域总氮负荷模拟结果

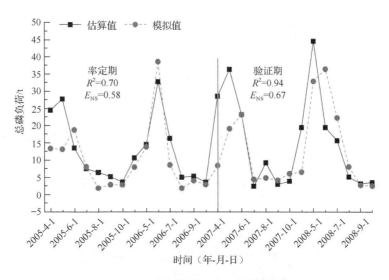

图 9-7　七星河流域总磷负荷模拟结果

9.5　敏感性分析和不确定性分析

SWAT 模型参数众多且取值各不相同，参数的选取参考模型用户手册，结合相关文献（Wang et al.，2018，2016；Liu et al.，2016），共选取 23 个对水文过程模拟有潜在影响的参数，12 个对总氮模拟有潜在影响的参数，7 个对总磷模拟有潜在影响的参数。在 SWAT-CUP 中，有全局敏感性分析（global sensitivity analysis）和局部敏感性分析（one-factor-at a time sensitivity analysis）两种方法。全局敏感性分析法综合利用 t 检验和 p 检验评价参数敏感性。其中 t 检验确定每一个参数的相对敏感性，是对各个参数改变所引起目标函数平均变化的估计，反映一种相对敏感性，t 值绝对值越大，参数越敏感；p 值决定敏感的显著性，p 值越接近 0 越显著（Motsinger，2015）。局部敏感性分析是指在其他参数不变的情况下改变一个参数，分析其对模型模拟结果及精度的影响，进而评价某一特定参数的敏感性。本节选用全局敏感性分析对参数进行敏感性分析，其中 CN2、CANMX 和 SLSUBBSN 是影响径流量较敏感的三个参数（表 9-4），SWAT 模型采用美国农业部水土保持局提出的径流曲线数（soil conservation service curve number，SCS-CN）模型估算直接径流，CN2 值表示地表渗透率和前期土壤水分条件。Shen 等（2013）认为旱地的 CN2 值对径流的产生具有极大的影响。CDN（反硝化指数速率系数）

是影响总氮的最敏感参数（表 9-5）。PPERCO（磷的渗透系数）是影响总磷的最敏感参数（表 9-6）。

表 9-4　径流量参数敏感性分析及率定结果

排序	参数	定义	t 检验	p 检验	最小值	最大值	最优值
1	CN2.mgt	径流曲线数	−8.25	0.00	35.00	98.00	54.01
2	CANMX.hru	最大覆盖度	16.27	0.00	0.00	100.00	41.32
3	SLSUBBSN.hru	平均坡长	6.21	0.00	10.00	150.00	124.97
4	SOL_BD (1).sol	土壤湿密度	−6.09	0.00	0.90	2.50	1.21
5	SOL_K (1).sol	土壤饱和导水率	−3.93	0.00	0.00	2000.00	1867.84
6	SOL_AWC (1).sol	土壤田间有效持水量	3.00	0.00	0.00	1.00	0.10
7	RCHRG_DP.gw	深蓄水层渗透系数	−2.67	0.01	0.05	24.00	1.13
8	ALPHA_BF.gw	基流系数	2.02	0.04	0.00	1.00	0.76
9	SOL_ALB (1).sol	潮湿土壤反照率	−1.94	0.05	0.00	0.25	0.02
10	TIMP.bsn	积雪温度滞后因子	−1.51	0.13	0.00	1.00	0.17
11	GW_DELAY.gw	地下水时间延迟	−1.12	0.26	0.00	500.00	24.73
12	SMFMN.bsn	12 月 21 日的融雪因子	1.02	0.31	0.00	20.00	0.12
13	SURLAG.bsn	地表径流滞后系数	0.77	0.44	0.05	24.00	13.82
14	SMFMX.bsn	6 月 21 日的融雪因子	0.63	0.53	0.00	20.00	3.23
15	EPCO.hru	植物吸收补偿因子	0.55	0.58	0.00	1.00	0.30
16	GW_revap.gw	地下水再蒸发系数	−0.52	0.61	0.02	0.20	0.08
17	GWQMN.gw	发生回归流的浅层含水层的水位阈值	0.47	0.64	0.00	5000.00	1351.75
18	ESCO.hru	土壤再蒸发补偿系数	0.46	0.64	0.00	1.00	0.69
19	USLE_P.mgt	通用土壤流失方程	−0.34	0.73	0.00	1.00	0.57
20	CH_K2.rte	河道水力传导率	−0.28	0.78	0.01	500.00	481.23
21	Revapmn.gw	浅层地下水再蒸发系数	−0.25	0.81	0.00	500.00	60.59
22	TLAPS.sub	气温直减率	−0.10	0.92	−10.00	10.00	−0.34
23	CH_N2.rte	主河道的曼宁系数	0.03	0.97	0.01	0.30	0.10

表 9-5　总氮参数敏感性分析及率定结果

排序	参数	定义	t 检验	p 检验	最小值	最大值	最优值
1	CDN.bsn	反硝化指数速率系数	2.50	0.01	0	3.00	0.90
2	SDNCO.bsn	发生反硝化作用的土壤含水量阈值	−2.04	0.04	0.00	1.00	0.01
3	NPERCO.bsn	氮的渗透系数	−1.36	0.17	0.00	1.00	0.29
4	HLIFE_NGW.gw	硝酸盐在浅层含水层的半衰期	−0.98	0.33	0.00	200.00	160.99
5	RSDCO.bsn	残留物的分解系数	−0.23	0.82	0.02	0.10	0.08
6	RCN.bsn	降雨中氮的浓度	−0.19	0.85	0.00	15.00	8.50
7	BC1_BSN.bsn	20℃时 NH_4^+ 氧化速率	−0.14	0.89	0.10	1.00	0.74
8	BC2_BSN.bsn	20℃时 NO_2 氧化速率	0.14	0.89	0.20	2.00	0.52
9	ERORGN.hru	有机氮富集比	−0.13	0.90	0.00	5.00	1.57
10	BC3_BSN.bsn	20℃时有机氮分解为 NH_4^+ 的速率常数	−0.08	0.93	0.02	0.40	0.45
11	SHALLST_N.gw	浅层含水层硝酸盐的初始浓度	0.04	0.97	0.00	1000.00	544.55
12	N_UPDIS.bsn	氮素吸收分配系数	−0.02	0.98	0.00	100.00	58.60

表 9-6　总磷参数敏感性分析及率定结果

排序	参数	定义	t 检验	p 检验	最小值	最大值	最优值
1	PPERCO.bsn	磷的渗透系数	23.11	0.00	10.00	17.50	16.00
2	PHOSKD.bsn	土壤磷分配系数	−3.27	0.00	100.00	200.00	84.94
3	RS5.swq	20℃时有机磷沉降速率	2.22	0.03	0.00	0.10	0.12
4	BC4.swq	20℃时有机磷矿化速率	1.34	0.18	0.01	0.70	0.35
5	PSP.bsn	磷的有效性指数	−1.24	0.22	0.01	0.70	0.44
6	ERORGP.hru	有机磷的富集比	−0.48	0.63	0.00	5.00	3.78
7	CH_COV2.rte	河道覆盖系数	−0.04	0.97	0.00	1.00	0.44

　　模型的不确定性表现在以下几个方面：①基础数据的不确定性，研究表明 DEM、土地利用数据及土壤数据等精度越高，模拟效果越好（Liu et al.，2016）。

②监测数据的不确定性，监测数据的质量直接影响模型是否能够最大限度地反映真实情况（Wang et al.，2016）。由于研究区缺少水质实测数据，因此采用估算数据进行模型水质参数的率定与验证，可能会对模型的准确性造成一定影响。③作物管理的不确定性，作物管理模式的差异对养分循环有很大影响，由于模型需要输入准确的作物管理信息，包括施肥时间、施肥量以及耕作时间、耕作方式等（Zhang et al.，2014），但这与实际情况可能存在一定偏差，进而导致模型模拟的不确定性。

9.6 本章小结

本章通过收集整理 DEM、土地利用数据、土壤数据、气象数据以及作物管理数据成功构建了七星河流域 SWAT 模型数据库，利用水文实测数据对模型径流量参数进行了率定和验证，利用第 8 章面源污染负荷估算结果对模型水质参数进行了率定和验证。径流量、总氮负荷及总磷负荷在率定期与验证期均满足决定系数 $R^2 > 0.7$、纳什系数 $E_{NS} > 0.36$。结果表明，七星河流域 SWAT 模型满足月尺度径流量、总氮负荷及总磷负荷模拟精度要求，适用于七星河流域面源污染负荷的研究，同时验证了第 8 章面源污染负荷估算结果的合理性。

参 考 文 献

童成立, 张文菊, 汤阳, 等, 2005. 逐日太阳辐射的模拟计算[J]. 中国农业气象(3): 165-169.

李成六, 2011. 基于 SWAT 模型的石羊河流域上游山区径流模拟研究[D]. 兰州: 兰州大学.

李爽, 2012. 基于 SWAT 模型的南四湖流域非点源氮磷污染模拟及湖泊沉积的响应研究[D]. 济南: 山东师范大学.

时迪迪, 张守红, 王红, 2020. 北沙河上游流域潜在非点源污染风险时空变化分析[J]. 环境科学研究, 33(4): 921-931.

张秋玲, 2010. 基于 SWAT 模型的平原区农业非点源污染模拟研究[D]. 杭州: 浙江大学.

张晓晗, 万甜, 程文, 等, 2018. 黑河水库非点源污染时空分布研究[J]. 水土保持通报, 38(4): 324-330.

FISCHER G F, NACHTERGAELE S, PRIELER H T, et al., 2008. Global Agro-ecological Zones Assessment for Agriculture (GAEZ) [R]. IIASA, Laxenburg, Austria and FAO, Rome, Italy.

LIU R, XU F, ZHANG P P, et al., 2016. Identifying non-point source critical source areas based on multi-factors at a basin scale with SWAT[J]. Journal of Hydrology, 533: 379-388.

MORIASI D N, ARNOLD J G, VAN LIEW M W, et al., 2007. Model evaluation guidelines for systematic quantification of accuracy in watershed simulations[J]. Transactions of the ASABE, 50(3): 885-900.

MOTSINGER J C, 2015. Analysis of best management practices implementation on water quality using the Soil and Water Assessment Tool (SWAT)[J]. Water, 8(4): 145.

NASH J E, SUTCLIFFE J V, 1970. River forecasting using conceptual models part 1—A discussion of principles[J]. Journal of Hydrology, 10: 282-290.

NAZARI-SHARABIAN M, TAHERIYOUN M, KARAKOUZIAN M, 2020. Sensitivity analysis of the DEM resolution and effective parameters of runoff yield in the SWAT model: A case study[J]. Journal of Water Supply Research and Technology, 69(1): 39-54.

WANG G, CHEN L, HUANG Q, et al., 2016. The influence of watershed subdivision level on model assessment and identification of non-point source priority management areas[J]. Ecological Engineering, 87: 110-119.

WANG M R, MA L, STROKAL M, et al., 2018. Hotspots for nitrogen and phosphorus losses from food production in China: A County-Scale Analysis[J]. Environmental Science and Technology, 52(10): 5782-5791.

XU F, DONG G X, WANG Q R, et al., 2016. Impacts of DEM uncertainties on critical source areas identification for non-point source pollution control based on SWAT model[J]. Journal of Hydrology, 540: 355-367.

ZHANG P P, LIU R M, BAO Y M, et al., 2014. Uncertainty of SWAT model at different DEM resolutions in a large mountainous watershed[J]. Water Research, 53: 132-144.

第10章 河沼系统农业面源污染负荷时空分布特征

农业面源污染因其隐蔽性、空间分散性和发生时间不确定性而成为环境污染治理的难题，同时也是制约农业绿色高质量可持续发展的重要瓶颈。因此，分析河沼系统农业面源污染的时空演变规律，识别污染发生关键时期与关键地区并采取相应措施进行管理和控制，对流域水环境污染防控至关重要，同时也可有效降低修复治理成本。

10.1 时间分布特征

由图10-1可知，2005～2010年七星河流域降水量均在400mm以上，年均降水量达518mm，整体呈波动上升的趋势。与降水量变化趋势一致，虽然径流量略有波动，但整体也呈上升趋势。降水量和径流量均在2006年出现最低值，但降水量和径流量的最大值分别出现在2009年和2010年。2005～2010年，七星河流域总氮负荷年均值为89.28t，总磷负荷年均值为47.79t。氮磷负荷在2010年较高，总氮负荷为114.06t，超出平均值27.75%，总磷负荷为65.53t，超出平均值37.12%。总体而言，2005～2010年养分负荷相对稳定，两者呈相同的变化趋势。氮磷负荷在2008～2010年呈上升趋势，加之降水量有所提升，污染物随径流或淋溶作用流失部分可能有所增加。然而，尽管2007年降水量相对较大，但由于施肥量的减少，氮磷负荷有所下降，这与Wu等（2012）的研究结果相似。大量使用矿物肥料和有机肥料会导致养分负荷过大，使其残留在土壤中或通过径流、淋溶作用输出，进而污染地表水或地下水（Chen et al., 2012；Akhavan et al., 2010）。因此，七星河流域面源污染负荷不仅和施肥量（"源"）有关，还与径流量（"流"）有关。

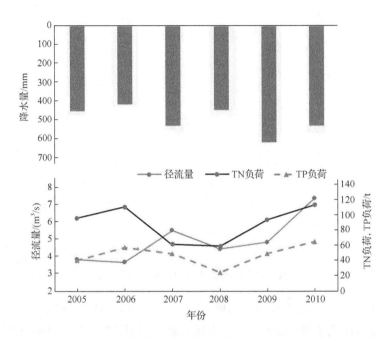

图 10-1　七星河流域降水量、径流量和面源污染负荷年际分布图（2005～2010 年）

七星河流域面源污染负荷年内变化情况如图 10-2 所示。整体来看，径流量和面源污染负荷年内差异明显，流量最大相差 3 个数量级，面源污染负荷最大相差 4 个数量级。2005～2010 年研究区径流量、总氮负荷和总磷负荷表现出明显的双峰循环特征，枯水期氮磷负荷最低，平水期氮磷负荷增幅较小，而丰水期增幅较大。径流量 5 月峰值出现在 2008 年（5.95m³/s）和 2010 年（15.92m³/s），而 7 月份峰值出现在 2008 年（8.29m³/s）和 2010 年（8.78m³/s）。总氮负荷 5 月峰值出现在 2008 年（14.66t）和 2010 年（38.52t），7 月峰值出现在 2008 年（45.48t）和 2010 年（30.34t）。总磷负荷 5 月峰值出现在 2008 年（12.02t）和 2010 年（8.60t），7 月峰值出现在 2008 年（12.18t）和 2010 年（9.06t）。此外，部分年份径流量与面源污染负荷的峰值还出现在 4 月，如 2005 年（径流量 4.12m³/s，总氮负荷 10.02t，总磷负荷 4.69t）。总体而言，径流量、总氮负荷和总磷负荷峰值一般出现在 4 月、5 月和 7 月。一方面，由于径流量的增加，氮磷等元素易于随地表径流和地下淋溶等过程流失；另一方面，研究区内作物的施肥时期在 4 月和 6 月，受肥料施入的影响，氮磷污染负荷增加（Gao et al.，2018；Sun et al.，2018；Liu et al.，2016）。

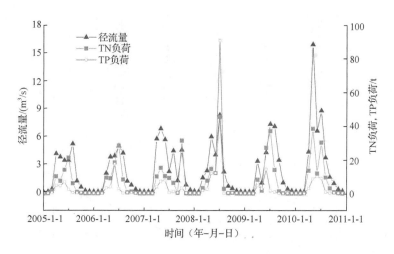

图 10-2　七星河流域面源污染负荷和径流量分布图（2005～2010 年）

由图 10-3 可知，径流量整体呈现出先上升后下降的趋势，径流量在 5 月达到最大值，占年径流量的 21.89%，6 月出现短暂下降后，在 7 月上升至第二个峰值，占年径流量的 20.57%，随后呈持续下降趋势。TN 负荷和 TP 负荷的变化趋势一致，呈现出先上升后下降的趋势。由于每年的 11 月至次年 3 月为冰封期，径流量较小，甚至大部分时期的径流量几乎为 0，因此冰封期总氮负荷、总磷负荷的流失量也相对较少，冰封期总氮负荷仅占全年总氮负荷的 1.13%，总磷负荷占 2.07%。三江平原作物生长期一般为 4 月末至 10 月初，总氮负荷、总磷负荷流失的时期基本和作物生长期一致。在 3～5 月和 6～7 月总氮负荷急剧上升，而 5～6 月上升较缓慢，这可能是因为 4 月开始施入基肥，6 月又进行一次追肥，导致负荷的流失量急剧增加，进而在 7 月达到最大值，总氮负荷占全年的 34.11%，总磷负荷占全年的 42.53%。4～10 月 TN 负荷和 TP 负荷分别占全年养分负荷的 98.9%和 97.9%，这是由于种植期（4 月和 6 月）过度施肥造成的地表径流损失以及作物吸收期（7 月）有效养分损失，这与 Van 等（2013）的研究结果一致，即 TN 负荷和 TP 负荷的季节性变化主要受农田 TN 负荷和 TP 负荷变化的影响。然而，8 月、9 月氮磷负荷较低。一方面，降水量的减少降低了 8 月、9 月的水土流失强度；另一方面，8 月、9 月玉米生长旺盛，植被覆盖度较高，水土流失减弱。

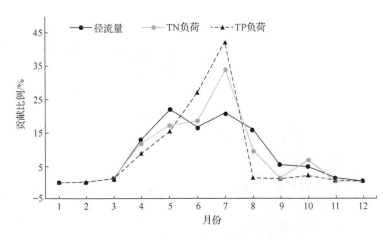

图 10-3　七星河流域逐月径流量和面源污染负荷贡献比例（2005～2010 年）

10.2　空间分布特征

2005～2010 年七星河流域年均径流量空间分布如图 10-4 所示，各子流域年均径流量范围为 0.18～8.36m³/s，分布差异较大，变异系数为 1.06＞1，属于强变异。2 号、8 号、9 号、11 号、13 号、19 号、20 号、21 号和 24 号子流域多年平均径流量较低，均小于 0.36m³/s，主要分布于上游；4 号、10 号、14 号、23 号和 25 号子流域多年平均径流量为 0.45～0.86m³/s；17 号、18 号和 22 号子流域多年平均径流量在 1.21～2.13m³/s，处于中等水平，均位于上游。由于受湿地影响，1 号和 3 号子流域多年平均径流量均超过了 6.82m³/s，为流域内的最高水平。总体来看，上游多年平均径流量较小，下游较大。海拔低的地区多年平均径流量较大，且土地利用类型以耕地为主，在农业生产中，由于土壤水分流失的径流曲线数较大，易发生水土流失。在海拔较高的地区，土地利用类型以林地为主，植被覆盖可以有效地防止水土流失。

2005～2010 年七星河流域单位面积年均总氮负荷输出强度空间分布如图 10-5 所示，流域内总氮负荷输出强度在 0.46～7.71kg/hm²，平均值为 2.86kg/hm²，变异系数为 1.19＞1，属于强变异。总氮负荷输出强度高值区主要集中在中上游，其中 11 号子流域总氮负荷输出强度达到了 7.71kg/hm²，为流域内总氮负荷输出强度最高的地区，这主要与 11 号子流域土地多为坡耕地有关，农业活动产生的总氮负荷

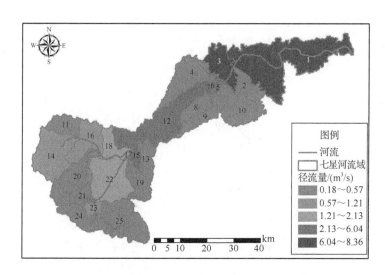

图 10-4　七星河流域年均径流量空间分布（2005～2010 年）

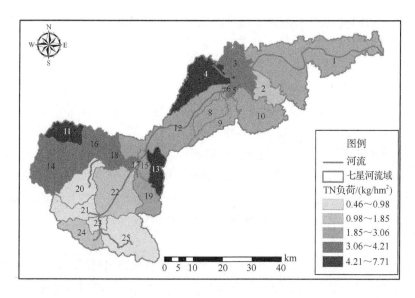

图 10-5　七星河流域年均总氮负荷输出强度空间分布（2005～2010 年）

易随地表径流流失。4 号和 13 号子流域总氮负荷输出强度分别为 6.31kg/hm^2 和 5.74kg/hm^2，为次要污染区。中游地区总氮输出强度范围为 1.85～3.06kg/hm^2，而

20 号、21 号、23 号、和 25 号 4 个子流域总氮负荷输出强度较低，处于 0.46～0.98kg/hm²，这可能是由于以上 4 个子流域土地利用类型以林地为主，总氮负荷产生较少，且植被在防止水土流失方面发挥了重要作用，有效减少了总氮负荷的流失。影响总氮负荷的主要因素通常包括地表径流、土壤侵蚀、植被覆盖率和作物管理、水土保持措施和化肥施用强度等（Ramos et al.，2006）。特别是在 4 号子流域和 13 号子流域，耕地占大部分比例（图 9-2），这些结果与 Yan 等（2020）的研究一致。因此，农业用地是农业面源污染的主要输出源区，同时总氮负荷输出还受到地形条件的影响，例如 11 号子流域坡耕地所占比例较大，导致其总氮负荷输出强度较高。综上，七星河流域总氮关键污染地区为 4 号、11 号、13 号子流域。

　　2005～2010 年七星河流域单位面积年均总磷负荷输出强度空间分布如图 10-6 所示，流域内总磷负荷输出强度为 0.01～3.84kg/hm²，平均值为 0.64kg/hm²，变异系数为 0.78，属于中度变异。受施肥影响，总磷负荷输出强度高值区同样集中在农业种植区，特别是 11 号子流域，总磷负荷输出强度达到了 3.84kg/hm²，为流域内总磷负荷输出强度最高的地区，其次是 13 号子流域，总磷负荷输出强度为 2.42kg/hm²，长期施肥是造成总磷负荷高输出的重要原因。此外，16 号子流域总

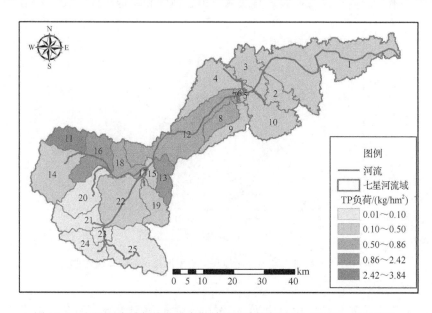

图 10-6　七星河流域年均总磷负荷输出强度空间分布（2005～2010 年）

磷负荷输出强度也相对较高，达 1.48kg/hm²。而其他子流域总磷负荷输出强度相对较低，从 0.01kg/hm² 到 0.86kg/hm² 不等，特别是七星河流域上游地区的林地，如 20 号、21 号、23 号、24 号和 25 号 5 个子流域总磷负荷输出强度范围仅为 0.01～0.10kg/hm²。综上，七星河流域总磷输出负荷关键污染地区为 11 号、13 号子流域。

10.3　不同土地利用贡献率

2005～2010 年七星河流域不同土地利用类型总氮、总磷负荷年均输出强度如图 10-7 所示，在 SWAT 模型中将研究区内土地利用类型分为 5 类，由于居民地占地面积较小，可忽略不计（本章未考虑生活源），因此仅对草地、林地、水田和旱田 4 种土地利用类型进行分析。七星河流域面积为 2953km²，其中耕地面积最大，占七星河流域总面积的 56%，其次为林地面积，占七星河流域总面积的 21%，草地面积最小，仅占七星河流域总面积的 1.45%。七星河流域不同土地利用类型总氮负荷输出强度在 0.07～0.62kg/hm²，总磷负荷输出强度在 0.04～0.34kg/hm²，水田面源污染负荷输出强度最大，其次为旱田、林地和草地。

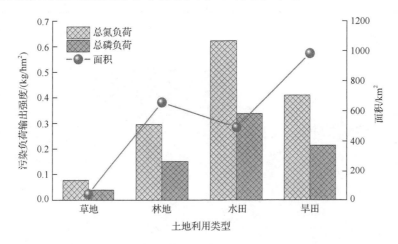

图 10-7　七星河流域不同土地利用类型污染负荷年均输出强度
（2005～2010 年）

旱田年均总氮负荷输出总量为 40.61t/a，占七星河流域总氮负荷输出总量的

44.59%，总磷负荷输出总量为 21.18t/a，占七星河流域总磷负荷输出总量的 44.12%。尽管旱田面源污染负荷输出强度低于水田，但由于旱田面积远大于水田，因此，旱田面源污染负荷输出总量最高。水田总氮负荷输出总量为 30.59t/a，是林地的 2.08 倍，占七星河流域总氮负荷输出总量的 33.59%，总磷负荷输出总量为 16.61t/a，占七星河流域总磷负荷输出总量的 34.60%。草地的面源污染负荷输出强度和面积占比均最小，因此面源污染负荷输出总量最小，总氮负荷、总磷负荷年输出量分别为 0.33t/a 和 0.17t/a。因此，对面源污染负荷输出总量影响最大的土地利用类型为耕地，其次为林地。

10.4　本　章　小　结

SWAT 模型总氮、总磷负荷模拟（2005～2010 年）结果表明，七星河流域总氮、总磷负荷在研究期内呈上升趋势，年内污染排放时期与作物生长期基本一致，7 月为七星河流域农业面源污染关键时期。氮、磷污染关键地区的土地利用以耕地为主，并且关键污染地区（11 号和 13 号子流域）为七星河流域上游的坡耕地，受水土流失的影响，该子流域面源污染负荷输出强度达到流域内的最高水平，其对面源污染负荷输出总量的贡献率达到了 73%。因此，应着重考虑对农业面源污染关键时期与关键地区的管理与控制问题，强化农业生产的优化与管理，实行流域范围内农业面源污染的精准防控。

参 考 文 献

AKHAVAN S, ABEDI-KOUPAI J, MOUSAVI S F, et al., 2010. Application of SWAT model to investigate nitrate leaching in Hamadan-Bahar Watershed, Iran[J]. Agriculture Ecosystems and Environment, 139(4): 675-688.

Chen L, Liu R M, Huang Q, et al., 2012. An integrated simulationmonitoring framework for nitrogen assessment: A case study in the Baixi watershed, China[J]. Procedia Environmental Sciences, 13: 1076-1090.

GAO B, HUANG Y F, HUANG W, et al., 2018. Driving forces and impacts of food system nitrogen flows in China, 1990 to 2012[J]. Science of the Total Environment, 610: 430-441.

LIU W F, HONG Y, LIU J G, et al., 2016. Global assessment of nitrogen losses and trade-offs with yields from major crop cultivations[J]. Science of the Total Environment, 572: 526-537.

RAMOS M C, MARTINEZ-CASASNOVAS J A, 2006. Erosion rates and nutrient losses affected by composted cattle manure application in vineyard soils of NE Spain[J]. Catena, 68: 177-185.

SUN C, CHEN L, ZHAI L M, et al., 2018. National-scale evaluation of phosphorus emissions and the related water-quality risk hotspots accompanied by increased agricultural production[J]. Agriculture Ecosystems and Environment, 267: 33-41.

VAN CHINH L, ISERI H, HIRAMATSU K, et al., 2013. Simulation of rainfall runoff and pollutant load for Chikugo River basin in Japan using a GIS-based distributed parameter model[J]. Paddy and Water Environment, 11(1-4): 97-112.

WU L, LONG T Y, COOPER W J, 2012. Simulation of spatial and temporal distribution on dissolved non-point source nitrogen and phosphorus load in Jialing River Watershed, China[J]. Environmental Earth Sciences, 65(6): 1795-1806.

YAN X M, LU W X, AN Y K, et al., 2020. Assessment of parameter uncertainty for non-point source pollution mechanism modeling: A Bayesian-based approach[J]. Environmental Pollution, 263: 114570.

第11章 | 农田-河沼系统面源污染调控

最佳管理措施（best management practice，BMP）是指将工程措施和非工程措施等管理实践相结合，对流域水文循环、养分循环、土壤侵蚀等自然过程进行综合调控，旨在减少人类活动对区域环境质量产生的不利影响，是控制农业面源污染的有效措施。BMP 对面源污染的影响因素众多，而实际监测和评估 BMP 的实施效果不仅成本昂贵而且需耗费大量时间。为此，本章应用数值模拟技术手段，通过设置不同情景，模拟径流量、总氮负荷和总磷负荷的时空演变规律，探寻径流量与农业面源污染（总氮、总磷）负荷对不同管理措施的响应关系，定量评估 BMP 实施的有效性。

11.1 情景设置

由于化肥的施用是七星河流域农业面源污染的主要来源，流域内作物类型的不同将直接导致施肥量和施肥方式的差异，而耕作方式、耕作次数及耕作时间则会影响水土流失，进而影响氮磷负荷的输出。此外，植被过滤带可在农业面源污染迁移过程中实现对污染负荷的截留，进而实现对地形条件所导致农业面源污染负荷输出的有效控制。因此，通过设置 11 种情景，阐明改变施肥量、调整种植结构、保护性耕作、建立植被缓冲带 4 种措施对农业面源污染负荷的影响机制，探寻每种保护措施下的最佳调控方案。①通过设置施肥量增减 25%和 50%，分析不同施肥量对农业面源污染氮磷负荷排放的影响；②通过设置植被覆盖类型，将流域内作物类型全部替换为水稻或玉米，进而分析不同种植结构对径流量及农业面源污染氮磷负荷排放的影响；③通过将耕作方式设置为无耕作和少耕作，分析不同保护性耕作措施对径流量及农业面源污染氮磷负荷排放的影响；④通过设置植被过滤带，分析建立不同植被过滤带对径流量及农业面源污染氮磷负荷排放的影响。具体情景设置如下。

Q0 情景（基线情景）：以实际调查的作物管理数据作为模型输入数据。

Q1 情景（减少施肥量 50%）：在基线情景，两种作物各阶段施肥量均相应减少 50%。

Q2 情景（减少施肥量 25%）：在基线情景，两种作物各阶段施肥量均相应减少 25%。

Q3 情景（增加施肥量 25%）：在基线情景，两种作物各阶段施肥量均相应增加 25%。

Q4 情景（增加施肥量 50%）：在基线情景，两种作物各阶段施肥量均相应增加 50%。

Q5 情景（调整种植结构）：在基线情景，将研究区覆盖作物全部替换为玉米。

Q6 情景（调整种植结构）：在基线情景，将研究区覆盖作物全部替换为水稻。

Q7 情景（保护性耕作）：在基线情景，将原有耕作措施删除，变为无耕作。

Q8 情景（保护性耕作）：在基线情景，将原有耕作方式调整为三年一耕，即少耕作。

Q9 情景（建立植被过滤带）：在基线情景，添加植被过滤带。其中，FILTER_RATIO 为田间面积与过滤带面积之比，变化范围为 0～300，最常见的范围为 30～60，本情景设置为 30；FILTER_CON 为过滤带最密集区的 10%面积占HRU 面积的分数，默认值为 0.5；FILTER_CH 为过滤带最密集区的 10%区域内完全渠道化的水流所占分数（无量纲）；完全渠道化的水流不受过滤或下渗影响，默认值为 0（丁洋，2019）。

Q10 情景（建立植被过滤带）：在 Q9 情景，将 FILTER_RATIO 设置为默认值 40。

Q11 情景（建立植被过滤带）：在 Q9 情景，将 FILTER_RATIO 设置为 50。

11.2　不同施肥量对面源污染的影响

11.2.1　年际影响

不同施肥量对七星河流域 2005～2010 年多年平均总氮负荷的影响如图 11-1 所示。基线情景多年平均总氮负荷为 89.28t。与基线情景相比，减少施肥量 50% 和 25%可相应减少年总氮负荷 26.39%和 12.14%，增加施肥量 25%和 50%可相应 增加年总氮负荷 11.27%和 23.47%。2010 年总氮负荷最大，为 114.06t，其中减少 施肥量对其影响最大，Q1 情景（减少施肥量 50%）和 Q2 情景（减少施肥量 25%） 年总氮负荷可分别减少 24.65%和 12.45%；增加施肥量对 2005 年总氮负荷影响最 大，Q3 情景（增加施肥量 25%）和 Q4 情景（增加施肥量 50%）可分别增加年总 氮负荷 12.47%和 24.37%，2005 年总氮负荷为 96.80t。减小施肥量对总氮负荷影 响最小的年份为 2008 年，而增加施肥量对总氮负荷影响最小的年份为 2007 年， 2007 年与 2008 年总氮负荷分别为 61.39t 和 58.77t，均小于其他时期。其中，Q1 情景和 Q2 情景在 2008 年总氮负荷可分别减少 16.53%和 11.09%，Q3 情景和 Q4 情景在 2007 年总氮负荷可分别增加 5.64%和 12.62%。从整体来看，改变施

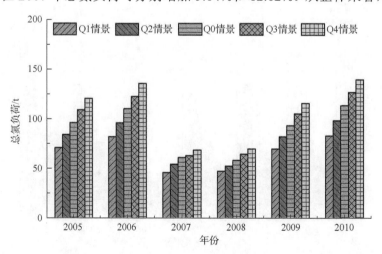

图 11-1　不同施肥量对七星河流域年均总氮负荷的影响（2005～2010 年）

肥量对总氮负荷较小的年份影响较大，由于 2007 年和 2008 年施肥量呈下降趋势（图 8-1），与其他时期相比，总氮负荷流失较少，因此改变施肥量对该时期的影响较大。从年际的施肥与总氮负荷的变化规律同样可以看出，合理施肥是有效控制总氮负荷输出的重要途径之一。

不同施肥量对七星河流域 2005～2010 年多年平均总磷负荷的影响如图 11-2 所示。与总氮负荷相比，增减施肥量对年总磷负荷的影响较大，基线情景多年平均总磷负荷为 47.79t。与基线情景相比，减少施肥量 50%和 25%可相应减少年总磷负荷 42.53%和 21.27%，增加施肥量 25%和 50%可相应增加年总磷负荷 20.33%和 40.31%。控制施肥可有效减少环境中磷的输入，进而有效减少磷负荷的流失；而增加施肥对总磷的影响较大，这可能与肥料利用率有关，较低的磷肥利用率会导致磷负荷大量累积在土壤中，进而增加磷负荷的流失率。不同情景对各年总磷负荷影响相差不大，这可能与磷素不易迁移有关。与总氮负荷不同，增减施肥量对年总磷负荷的影响各不相同，Q1 情景和 Q2 情景对总磷负荷影响最大的年份为 2010 年，可分别减少年总磷负荷 41.58%和 20.92%，而 Q3 情景和 Q4 情景对总磷负荷影响最大的年份为 2005 年，可分别增加年总磷负荷 21.36%和 40.84%。基线情景 2005 年和 2010 年总磷负荷分别为 40.37t 和 65.53t，分别为研究期内最小负荷和最大负荷年份。因此，增加施肥量对总磷负荷较小的年份影响较大，而减少施肥量对总磷负荷较大的年份影响较显著。

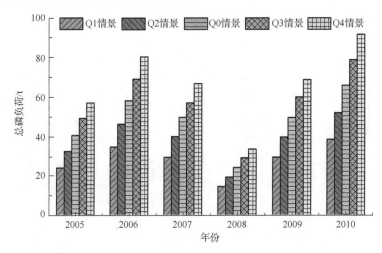

图 11-2　不同施肥量对七星河流域年均总磷负荷的影响（2005～2010 年）

11.2.2　月际影响

不同施肥量对七星河流域 2005～2010 年月均总氮负荷的影响如图 11-3 所示。施肥量的改变对月总氮负荷的影响较大，基线情景多年月均总氮负荷为 6.71t。与基线情景相比，Q1 情景和 Q2 情景可相应减少月总氮负荷 22.16% 和 11.50%，Q3情景和 Q4 情景可相应增加月总氮负荷 10.26% 和 20.42%。4 种情景中，Q1 情景和 Q2 情景对 11 月的总氮负荷影响最大，分别减少 39.42% 和 18.70%，但其对关键污染时期（7 月）的影响分别为 14.43% 和 7.10%，低于对总氮负荷控制的平均水平（Q1 情景平均可减少 24.19%，Q2 情景平均可减少 11.79%）。Q3 情景和 Q4情景对总氮负荷影响最大的月份不同。Q3 情景对 8 月总氮负荷的影响最大，可增加月总氮负荷 17.10%；Q4 情景对总氮负荷影响最大的月份为 6 月，可增加总氮负荷 33.47%，为 Q3 情景的 1.8 倍。所有情景中，Q1 情景对总氮负荷的控制效果最好，与基线情景相比可减少总氮负荷 24.19%。

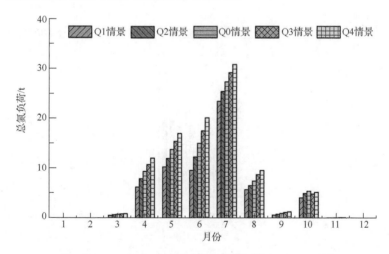

图 11-3　不同施肥量对七星河流域月均总氮负荷的影响
（2005～2010 年）

不同施肥量对七星河流域 2005～2010 年月均总磷负荷的影响如图 11-4 所示。与对总氮负荷的影响相似，增减施肥量对月总磷负荷的影响较大。与基线情景多年月均总磷负荷 4.48t 相比，Q1 情景和 Q2 情景可相应减少月总磷负荷 42.72% 和 21.53%，Q3 情景和 Q4 情景可相应增加月总磷负荷 20.13% 和 40.31%。针对关键污染时期（7月），Q1情景和Q2情景可分别减少月总磷负荷40.80%和20.37%；Q3情景和Q4情景可相应增加月总磷负荷19.55%和37.70%。与年负荷相似，改变施肥量对月均总磷负荷影响比对月均总氮负荷的影响大，可能是由于与氮元素相比，磷元素不易在环境介质中迁移，磷负荷流失量较低，因此磷肥的施用对环境中的磷负荷影响较大。Q1情景和Q2情景对11月总磷负荷影响最大，这与对总氮负荷的影响相似，Q1情景和Q2情景可分别减少月均总磷负荷48.69%和29.13%，这可能与11月开始进入冰封期以及植物生长期结束有关。一方面，进入冰封期后，径流量减少，污染物输移能力大大减弱，氮磷负荷的流失量较低（除12月至翌年2月外，11月氮磷负荷最低），导致不同情景11月的氮磷负荷变化率较高；另一方面，作为氮磷循环的主要环节，植物吸收部分占比较高，而植物生长期结束，即氮磷循环的环境过程中缺少主要输出途径，导致其他输出部分（如地表径流流失）变化率增高。Q3情景和Q4情景同样对11月总磷负荷影响最大，分别可增加月均总磷负荷42.25%和78.34%。

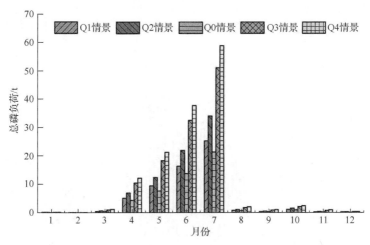

图 11-4　不同施肥量对七星河流域月均总磷负荷的影响
（2005～2010年）

11.2.3　空间影响

不同施肥量对七星河流域年均总氮负荷输出强度的空间影响如图 11-5 所示，不同施肥量对总氮负荷输出强度的影响较大。基线情景七星河流域年均总氮负荷输出强度为 2.86kg/hm²，与之相比，Q1 情景和 Q2 情景可分别减少总氮负荷输出强度 24.72%和 12.57%，Q3 情景和 Q4 情景可分别增加总氮负荷输出强度 9.85%和 19.74%。七星河流域 25 个子流域中（图 9-1），4 种情景对 4 号子流域影响最大，Q1 情景和 Q2 情景可分别减少总氮负荷输出强度 33.40%和 16.46%，Q3 情景和 Q4 情景可分别增加总氮负荷输出强度 13.91%和 28.81%。然而改变施肥量对总氮负荷输出强度影响最小的子流域却不相同。Q1 情景和 Q2 情景对 19 号子流域影响最小，可分别减少年均总氮负荷输出强度 13.54%和 7.32%；Q3 情景和 Q4 情景对 13 号子流域的影响最小，可分别增加年均总氮负荷输出强度 5.14%和 11.75%。4 号、11 号和 13 号子流域作为研究区的关键污染地区，减少施肥量对其的影响小于流域范围内的平均水平。因此，改变施肥量 50%比改变施肥量 25%对总氮负荷的空间影响更大。减少施肥量虽然可有效降低流域内总氮负荷输出强度，但对关键污染地区的控制效果低于流域内的平均水平。这可能是由于除肥料的施用外，种植结构、耕作方式等作物管理措施以及地形条件（如坡耕地）等因素对关键污染地区的污染负荷输出强度同样有重要影响。

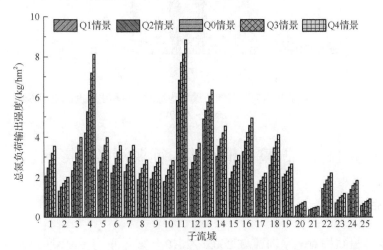

图 11-5　不同施肥量对七星河流域年均总氮负荷输出强度的空间影响
（2005～2010 年）

不同施肥量对七星河流域年均总磷负荷输出强度的空间影响如图 11-6 所示。基线情景七星河流域年均总磷负荷输出强度为 0.64kg/hm²，与基线情景相比，Q1

情景和 Q2 情景可分别减少总磷负荷输出强度 40.35%和 20.03%，Q3 情景和 Q4 情景可分别增加总磷负荷输出强度 18.56%和 36.72%。与对总氮负荷输出强度的影响相同，改变施肥量对 4 号子流域影响最大（总磷负荷输出强度为 0.33kg/hm²），Q1 情景和 Q2 情景可分别减少总磷负荷输出强度 48.97%和 25.63%，Q3 情景和 Q4 情景可分别增加总磷负荷输出强度 24.43%和 51.14%，这也进一步解释了 4 号子流域仅为总氮负荷的关键污染地区的主要原因，而 11 号和 13 号子流域既是总氮负荷关键污染地区同时也是总磷负荷关键污染地区。

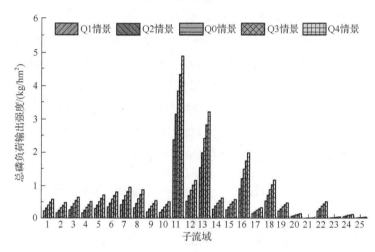

图 11-6　不同施肥量对七星河流域年均总磷负荷输出强度的空间影响
（2005～2010 年）

11.3　调整种植结构对面源污染的影响

11.3.1　年际影响

调整种植结构对七星河流域 2005～2010 年多年平均径流量的影响如图 11-7 所示。与基线情景相比，Q5 情景（全部替换为玉米）可减少年均径流量 25.75%，Q6 情景（全部替换为水稻）可增加年均径流量 17.20%，不同作物类型直接影响土地利用类型的变化（水田或旱田），进而导致径流量的变化。在 2005～2010 年，调整种植结构对 2009 年的年均径流量影响最大，Q5 情景可减少年均净流量

35.79%, Q6 情景可增加年均径流量 23.96%, 这可能是由于 2009 年的年均径流量 ($4.81m^3/s$) 接近多年平均水平 ($4.91m^3/s$)。调整种植结构对 2010 年的径流量影响最小, Q5 情景减少年均径流量 12.31%, Q6 情景增加年均径流量 8.07%, 这可能与 2010 年年径流量在 2005~2010 年最大有关, 2010 年年径流量达 $87.94m^3/s$。因此, 调整种植结构对年径流量接近多年平均径流量的年份影响较大, 对年径流量较大的年份影响最小。

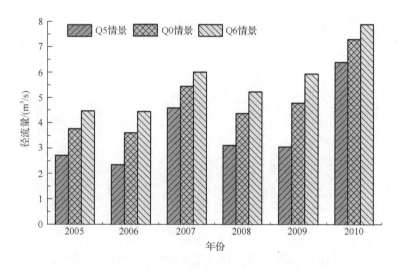

图 11-7　调整种植结构对七星河流域年均径流量的影响
（2005~2010 年）

　　调整种植结构对七星河流域 2005~2010 年多年平均总氮负荷的影响如图 11-8 所示。与基线情景相比, Q5 情景可减少总氮负荷 23.25%, Q6 情景可增加总氮负荷 12.43%, 表明作物覆盖类型调整为玉米可产生较少的总氮负荷, 这与刘彬 (2019) 的研究一致, 即水田直接于水中施肥, 容易导致养分流失, 进而造成总氮负荷的输出强度增加。Q5 情景和 Q6 情景中, 对多年平均总氮负荷影响最大的年份为 2009 年, Q5 情景和 Q6 情景可分别减少总氮负荷 60.14% 和 44.37%; 对总氮负荷影响最小的年份为 2010 年, Q5 情景和 Q6 情景可分别减少总氮负荷 0.52% 和 4.35%。但是 2007 年与其他年份不同, Q5 情景中, 仅 2007 年总氮负荷有所增加, 而 Q6 情景中, 仅 2007 年总氮负荷有所减少。这可能是由于与其他年份相比，2007 年总氮负荷（61.39t）更接近于多年平均值（89.28t），而玉米和水稻的施肥量及施肥时间存在很大差异，因此调整种植结构对施肥量及施肥时间都产生了影响，可能对总氮负荷接近于多年平均水平的年份产生了相反的影响。因此，调整种植结构对总氮负荷影响最大的年份为总氮负荷接近多年平均水平的年份，同时也是年径流量与多年平均径流量相近的年份，但对总氮负荷最大的年份影响最小。

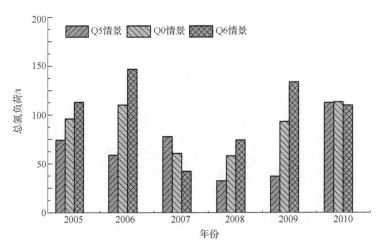

图 11-8　调整种植结构对七星河流域年均总氮负荷的影响
（2005～2010 年）

　　调整种植结构对七星河流域 2005～2010 年多年平均总磷负荷的影响如图 11-9 所示。与基线情景相比，Q5 情景可减少总磷负荷 41.38%，Q6 情景可增加总磷负荷 27.34%，这可能是由于肥料施用于水田中，易于肥料的流失，使得总磷负荷的排放增加。与对总氮负荷的影响相同，调整种植结构对 2009 年的影响最大，Q5 情景可减少年总磷负荷 70.75%，Q6 情景可增加年总磷负荷 60.37%。调整种植结构对 2007 年总磷负荷的影响与其他年份不同，Q5 情景中，仅 2007 年总磷负荷为增加，而 Q6 情景中，仅 2007 年总磷负荷为减少。这可能是由于 2007 年总磷负荷（49.50t）最接近于多年平均值（47.79t）。而调整种植结构对总磷负荷影响最大的年份均为 2009 年，2009 年总磷负荷为 49.37t，接近于多年平均值。因此，调整种植结构对总磷负荷接近于多年平均水平的年份影响较大。

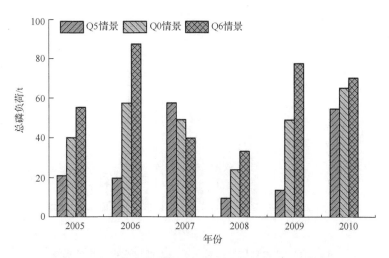

图 11-9　调整种植结构对七星河流域年均总磷负荷的影响
（2005～2010 年）

11.3.2　月际影响

调整种植结构对七星河流域2005～2010 年月均径流量的影响如图 11-10 所示。调整种植结构对径流量的影响范围为 2.17%～61.68%。基线情景多年平均月径流量为 2.36m³/s，与基线情景相比，Q5 情景可减少径流量 33.52%，Q6 情景可增加径流量 24.75%，与改变施肥量情景相比，调整种植结构对径流量的影响更大。Q5 情景对 8 月的径流量影响最大，可减少径流量 64.36%，对 3 月的径流量影响最小，可减少 3.57%。这可能是与水田调整为旱田后，作物生育期内灌溉用水的减少有关，导致对 8 月的径流量影响最大，而 3 月处于融雪期，并非作物生长期，因此，调整种植结构对 3 月影响较小。Q6 情景对 7 月径流量影响最大，可增加径流量 40.96%，对 4 月径流量影响最小，可增加径流量 3.43%，这同样是由于种植结构的改变，灌溉排水大大减少，因此对作物生长期内 7 月的径流量影响较大，而 4 月属于作物生长初期，因此改变种植结构对 4 月影响较小。尽管 Q5 情景和 Q6 情景对径流量影响最大和最小的月份不同，但整体呈现出对作物生长期的影响较大，而对非生长期及生长初期的影响较小。

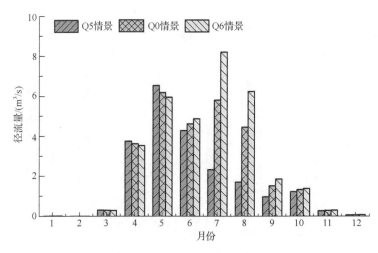

图 11-10　调整种植结构对七星河流域月均径流量的影响
（2005～2010 年）

　　调整种植结构对七星河流域 2005～2010 年月均总氮负荷的影响如图 11-11 所示。与基线情景相比，Q5 情景可减少月均总氮负荷 25.18%，Q6 情景可增加月均总氮负荷 15.78%，这可能是由于与旱田相比，水田更易于总氮随地表径流流失（宋兰兰等，2018）。Q5 情景可减少月均总氮负荷 12.47%～96.51%，其中对 11 月的影响最大，对 9 月的影响最小。Q6 情景可增加月均总氮负荷 16.79%～81.86%，对 10 月的影响最大，对 12 月的影响最小。Q5 情景可减少关键污染时期（7 月）总氮负荷的 95.54%，Q6 情景可增加关键污染时期总氮负荷的 72.07%。因此，将研究区覆盖作物调整为水稻会增加总氮负荷，而调整为玉米，则可有效控制总氮负荷，且对关键污染时期总氮负荷的控制效果较好。

　　调整种植结构对七星河流域 2005～2010 年月均总磷负荷的影响如图 11-12 所示。与基线情景相比，Q5 情景可减少月均总磷负荷 39.55%，Q6 情景可增加月均总磷负荷 27.34%。调整种植结构均对 7 月影响最大，Q5 情景可减少月均总磷负荷的 95.81%，而 Q6 情景可增加月均总磷负荷 75.24%。这可能与水稻在 7 月追肥有关，且 7 月总磷负荷为最高月份。因此，调整种植结构对总磷负荷较高的月份影响较大，这可能是由于种植结构的调整影响了环境中磷的输入，进而影响了磷在环境中的残留水平。因此，磷的输入是环境中磷负荷的主要影响因素。

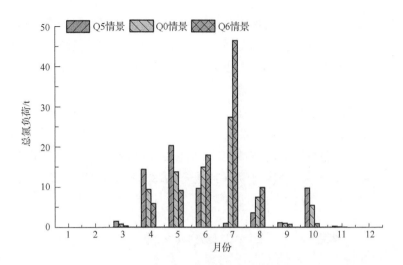

图 11-11　调整种植结构对七星河流域月均总氮负荷的影响
（2005～2010 年）

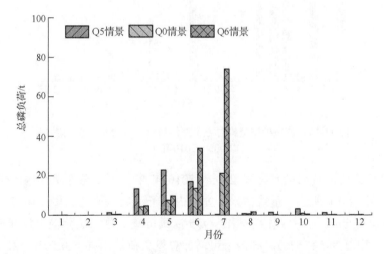

图 11-12　调整种植结构对七星河流域月均总磷负荷的影响
（2005～2010 年）

11.3.3　空间影响

调整种植结构对七星河流域 2005～2010 年多年平均径流量的空间影响如

图 11-13 所示。基线情景研究区内各子流域年均径流量平均值为 2.13m³/s，与基线情景相比，Q5 情景可减少径流量 23.12%，Q6 情景可增加径流量 15.42%。2 号子流域的径流量受影响最大，Q5 情景可减少径流量 38.81%，Q6 情景可增加径流量 25.94%。这可能是由于 2 号子流域位于下游，且土地利用以耕地为主，因此调整种植结构直接造成了该子流域内径流量的改变。而 21 号子流域位于上游，且土地利用类型以林地为主，Q5 情景径流量仅减少 0.87%，Q6 情景径流量仅增加 0.59%。因此，调整种植结构仅对以耕地为主要土地利用类型的子流域影响较大。此外，Q5 情景可减少关键污染地区（13 号子流域）径流量的 38.22%，Q6 情景可增加径流量 25.70%，均高于平均水平。

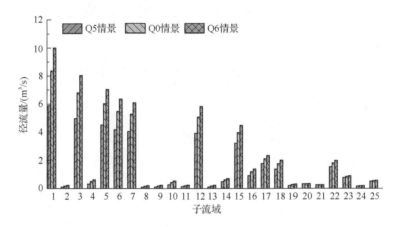

图 11-13   调整种植结构对七星河流域年均径流量的空间影响
（2005～2010 年）

调整种植结构对七星河流域 2005～2010 年多年平均总氮负荷输出强度的空间影响如图 11-14 所示。基线情景研究区内各子流域年均总氮负荷输出强度的平均值为 2.86kg/hm²。与基线情景相比，Q5 情景可减少总氮负荷输出强度 1.63%～33.75%（平均值为 22.35%），Q6 情景可增加总氮负荷输出强度 0.54%～22.12%（平均值为 11.86%）。调整种植结构对总氮负荷影响最小的子流域为 21 号子流域（与对径流量的影响相同），Q5 情景可减少年均总氮负荷输出强度 2.55%，Q6 情景可减少总氮负荷输出强度 2.75%，这与 Q6 情景对其他子流域的影响不同。此外，25 号子流域也表现出总氮负荷输出强度减少的情况（Q6 情景），这可能是由于 21 号和 25 号子流域土地利用类型以林地为主。Q5 情景和 Q6 情景对年均总氮负荷输出强度影响最大的子流域分别为 4 号子流域（关键污染地区）和 8 号子流域，其中 Q5 情景可减少 4 号子流域年均总氮负荷输出强度 35.79%，而 Q6 情景可增加 8 号子流域年均总氮负荷输出强度 22.19%。虽然 Q5 和 Q6 两种情景对年均总氮负荷输出强度影响最大的子流域不同，但均位于七星河流域中下游，土地利用类型以耕地为主。Q5 情景可分别降低 11 号子流域和 13 号子流域（关键污染地区）年均总氮负荷输出强度的 21.40% 和 22.49%，Q6 情景可分别增加总氮负荷输出强度6.47% 和 12.34%。整体来看，将植被覆盖类型调整为玉米时，可减少总氮负荷的排放，而调整为水稻时，可增加总氮负荷的排放。

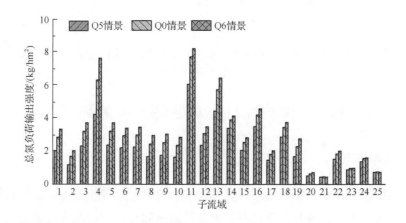

图 11-14　调整种植结构对七星河流域年均总氮负荷输出强度的空间影响
（2005～2010 年）

调整种植结构对七星河流域 2005～2010 年多年平均总磷负荷输出强度的空间影响如图 11-15 所示。基线情景各子流域年均总磷负荷输出强度平均值为 0.64kg/hm²。与基线情景相比，Q5 情景可减少总磷负荷输出强度 26.25%～42.02%（平均值为 38.13%），Q6 情景可增加总磷负荷输出强度 17.49%～32.88%（平均值为 26.71%）。针对 11 号和 13 号子流域（关键污染地区），Q5 情景可分别降低总磷负荷输出强度 43.05% 和 37.26%，Q6 情景可分别增加总磷负荷输出强度23.99% 和 25.51%。与对总氮负荷的影响情况不同，Q5 情景对总磷负荷输出强度影响最大的子流域为 24 号子流域，可减少 44.56%，Q6 情景对总磷负荷输出强度影响最大的子流域为 19 号子流域，可增加 33.46%。

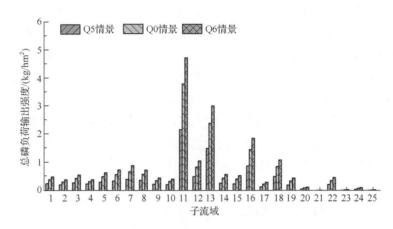

图 11-15　调整种植结构对七星河流域年均总磷负荷输出强度的空间影响
（2005～2010 年）

11.4　保护性耕作对面源污染的影响

11.4.1　年际影响

不同保护性耕作措施对七星河流域 2005～2010 年多年平均径流量的年际影响如图 11-16 所示。保护性耕作对径流量的影响较小，但与基线情景相比，无论是无耕作还是少耕作情景，均可减少年均径流量，其中 Q7 情景（无耕作）可减少年均径流量 2.08%，Q8 情景（少耕作）可减少年均径流量 1.34%。Q7 情景和 Q8 情景对年均径流量影响最大的年份相同，均在年均径流量大于多年平均径流量的 2007 年，其中 Q8 情景可减少年均径流量 4.42%，Q7 情景可减少年均径流量 3.63%。而两种情景对年均径流量影响最小的年份不同，Q8 情景对 2009 年年均径流量影响最小，可减少年均径流量 0.79%，Q7 情景对 2008 年年均径流量影响最小，可减少年均径流量 0.11%，其中 2008 年年均径流量为 4.41m³/s，2009 年年均径流量为 4.81m³/s，均小于多年平均径流量 4.91m³/s。因此，少耕作或无耕作对大于多年平均径流量的年份影响较大，对小于多年平均径流量的年份影响较小。

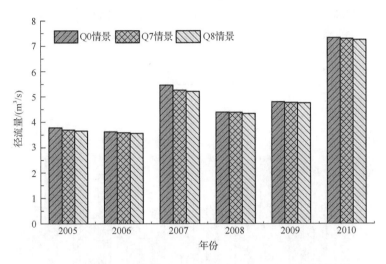

图 11-16　不同保护性耕作措施对七星河流域年均径流量的影响
（2005～2010 年）

不同保护性耕作措施对七星河流域 2005～2010 年多年平均总氮负荷的年际影响如图 11-17 所示。无耕作和少耕作对总氮负荷的影响较大。与基线情景相比，无耕作虽然可以减少总氮负荷，但是少耕作的效果更好，其中 Q7 情景（无耕作）可减少总氮负荷 27.65%，而 Q8 情景（少耕作）可减少总氮负荷 51.17%，表明适当的耕作不仅可以改善土壤环境，还可有效防止总氮负荷的流失。不同保护性耕作措施对总氮负荷影响最大的年份为 2007 年，Q7 情景可减少总氮负荷 35.64%，Q8 情景可减少总氮负荷 67.23%，这可能与 2007 年总氮负荷（61.39t）接近多年平均总氮负荷水平有关。不同保护性耕作措施对总氮负荷影响最小的年份为 2006 年，无耕作情景可减少总氮负荷 22.78%，少耕作情景可减少总氮负荷 44.34%，而 2006 年总氮负荷为 110.85t。

不同保护性耕作措施对七星河流域 2005～2010 年多年平均总磷负荷的年际影响如图 11-18 所示。与基线情景相比，Q7 情景可减少总磷负荷 94.32%，Q8 情景可减少总磷负荷 91.35%，这可能是由于保护性耕作大大减少了水土流失，进而减少了总磷负荷的流失。与对总氮负荷的影响相比，两种措施对总磷的削减效果更好，这可能与磷易于固定在土壤中有关。不同保护性耕作措施对总磷负荷影响最大的年份为 2005 年，Q7 情景可减少总磷负荷 99.64%，Q8 情景可减少总磷负荷 99.68%，2005 年径流量最小，同时总磷负荷处于较低水平。因此，不同保护性耕作措施对总磷负荷较小的年份影响较大，这与对总氮负荷的影响不同。

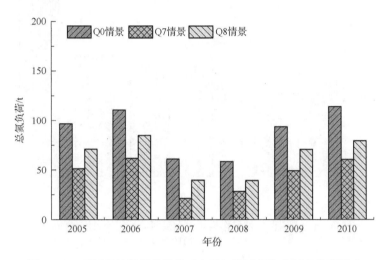

图 11-17　不同保护性耕作措施对七星河流域年均总氮负荷的影响
（2005～2010 年）

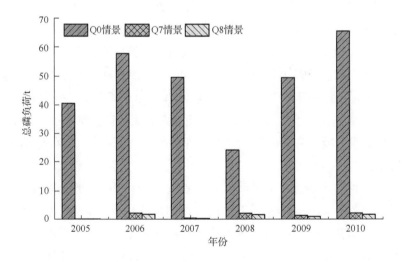

图 11-18　不同保护性耕作措施对七星河流域年均总磷负荷的影响
（2005～2010 年）

11.4.2　月际影响

不同保护性耕作措施对七星河流域 2005～2010 年月均径流量的影响如图 11-19 所示。与基线情景相比，两种措施对径流量的影响较为接近，无耕作可减少径流量 18.74%，少耕作可减少径流量 18.57%。不同保护性耕作措施情景，作物生长期径流量呈减少的趋势，而在冰封期呈现增加的趋势。由于冰封期径流量几乎为 0，因此增幅较大，两种情景对径流量的影响均在 2 月达到最大值，Q7（无耕作）和 Q8 情景（少耕作）可分别增加径流量 96.42% 和 97.18%；影响最小的月份为 6 月，Q7 情景和 Q8 情景可分别减少径流量 1.96% 和 0.92%。因此，不同保护性耕作措施对丰水期的影响较小，对枯水期影响较大。

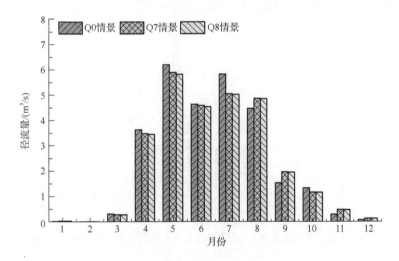

图 11-19　不同保护性耕作措施对七星河流域月均径流量的影响
（2005～2010 年）

不同保护性耕作措施对七星河流域 2005～2010 年月均总氮负荷的影响如图 11-20 所示。基线情景流域内月均总氮负荷为 6.71t。与基线情景相比，Q7 情景可减少月均总氮负荷 29.51%，Q8 情景可减少月均总氮负荷 52.37%。与对径流量的影响相同，均可在作物生长期减少总氮负荷，而在冰封期增加。两种情景中，对月均总氮负荷影响最大的月份均为 10 月，Q7 情景可减少月均总氮负荷 93.82%，Q8 情景可减少月均总氮负荷 93.75%，对月均总氮负荷影响最小的月份均为 4 月，

Q7 情景可减少月均总氮负荷 22.63%，Q8 情景可减少月均总氮负荷 22.49%。这可能是由于通过无耕作或少耕作等措施，减少了农田土壤侵蚀，进而降低了总氮负荷的流失。由于 4 月为作物苗期，作物主要以吸收自身存储的营养物质为主，该时期对肥料的利用率较低，而 10 月为植物收获期，肥料利用率最低，而保护性耕作可有效减少水土流失，因此对 10 月的影响最大。不同保护性耕作措施对关键污染时期（7 月）的影响较大，Q7 情景可减少月均总氮负荷 70.47%，Q8 情景可减少月均总氮负荷 71.72%，均大于平均水平。因此，不同保护性耕作措施均可有效控制作物生长期总氮负荷的流失，与无耕作措施相比，少耕作措施对总氮负荷的控制效果更明显，可减少关键污染时期总氮负荷的 71.72%。

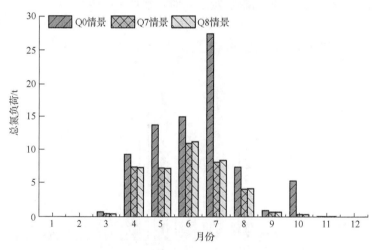

图 11-20　不同保护性耕作措施对七星河流域月均总氮负荷的影响
（2005～2010 年）

不同保护性耕作措施对七星河流域 2005～2010 年月均总磷负荷的影响如图 11-21 所示。基线情景流域内月均总磷负荷为 4.48t。与基线情景相比，Q7 情景可减少月均总磷负荷 96.34%，Q8 情景可减少月均总磷负荷 94.37%。不同保护性耕作措施对总磷负荷影响最大的月份为 9 月，Q7 情景和 Q8 情景可分别减少总磷负荷 97.93% 和 98.92%。而对于关键污染时期（7 月），Q7 情景和 Q8 情景可分别减少月均总磷负荷 95.08% 和 93.79%。与对月均总氮负荷的影响相比，不同保护性耕作措施对月均总磷负荷的削减效果更好。

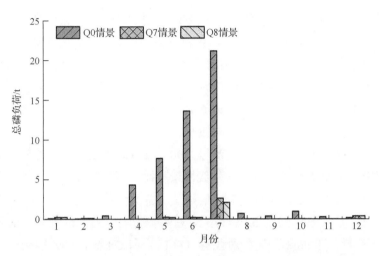

图 11-21　不同保护性耕作措施对七星河流域月均总磷负荷的影响
（2005～2010 年）

11.4.3　空间影响

不同保护性耕作措施对七星河流域 2005～2010 年多年平均径流量的空间影响如图 11-22 所示。与基线情景相比，两种措施对径流量的空间影响较为接近，无耕作措施可减少径流量 1.95%，少耕作措施可减少径流量 1.25%。两种措施对

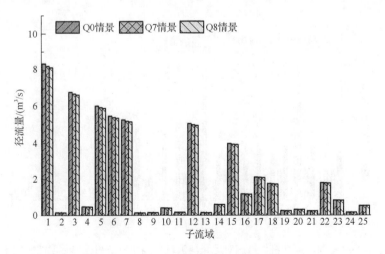

图 11-22　不同保护性耕作措施对七星河流域年均径流量的空间影响（2005～2010 年）

21 号子流域的影响最小，少耕作措施可减少径流量 0.09%，无耕作措施可减少径流量 0.07%；对 13 号子流域影响最大，无耕作措施可减少径流量 5.85%，少耕作措施可减少径流量 4.65%。这主要是由于保护性耕作措施主要针对于耕地，而 13 号子流域位于中游，土地利用类型以耕地为主，21 号子流域位于上游，土地利用类型以林地为主。因此，保护性耕作措施对以耕地为主的子流域影响较大，而对以其他土地利用类型为主的子流域影响较小。

不同保护性耕作措施对七星河流域 2005～2010 年多年平均总氮负荷输出强度的空间影响如图 11-23 所示。与基线情景相比，两种措施下对总氮负荷输出强度的空间影响较为相近，其中 Q7 情景可减少总氮负荷输出强度 52.44%，Q8 情景可减少总氮负荷输出强度 52.84%。对总氮负荷输出强度影响最大的子流域均在 13 号子流域，即面源污染关键地区，Q7 情景和 Q8 情景可分别减少总氮负荷输出强度 79.36% 和 77.58%。这可能是由于保护性耕作措施对水土流失的控制效果较好，进而可减少以耕地为主的子流域总氮负荷输出强度。不同保护性耕作措施对总氮负荷输出强度影响最小的子流域为 4 号子流域（污染关键地区），Q7 情景可减少总氮负荷输出强度 22.73%，Q8 情景可减少总氮负荷输出强度 23.62%。与无耕作措施相比，少耕作措施对总氮负荷的控制效果更好，并且与其他子流域相比，对污染关键地区（13 号子流域）的控制效果最好，总氮负荷输出强度的减少可达到 78.65%。

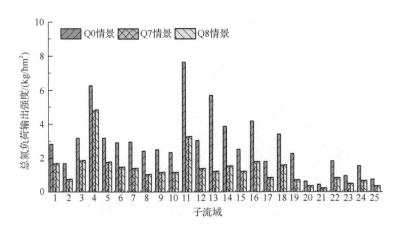

图 11-23 不同保护性耕作措施对七星河流域年均总氮负荷输出强度的空间影响
（2005～2010 年）

不同保护性耕作措施对七星河流域 2005～2010 年多年平均总磷负荷输出强度的空间影响如图 11-24 所示。与基线情景相比，Q7 情景可减少总磷负荷输出强度 96.88%，Q8 情景可减少总磷负荷输出强度 96.03%。不同保护性耕作措施对 2 号子流域总磷负荷输出强度的影响最大，Q7 情景和 Q8 情景可分别减少总磷负荷输出强度 97.98% 和 97.36%。针对污染关键地区 11 号和 13 号子流域，Q7 情景可分别减少总磷负荷输出强度 95.21% 和 97.55%，Q8 情景可分别减少总磷负荷输出强度 93.96% 和 97.00%。与对总氮负荷的影响相比，不同保护性耕作措施对总磷负荷的削减效果更好。

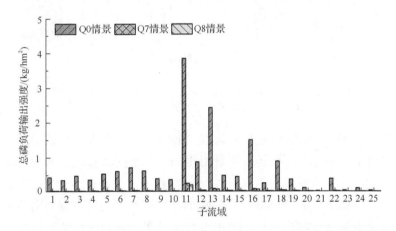

图 11-24　不同保护性耕作措施对七星河流域年均总磷负荷输出强度的空间影响
（2005～2010 年）

11.5　植被过滤带对面源污染的影响

11.5.1　年际影响

建立不同植被过滤带对七星河流域 2005～2010 年多年平均径流量的年际影响如图 11-25 所示。与基线情景相比，建立不同植被过滤带对年均径流量基本无影响，Q9 情景（田间面积与过滤带面积之比为 30）和 Q11 情景（田间面积与过滤带面积之比为 40）对年均径流量的影响几乎为 0，Q10 情景（田间面积与过滤带面积之比为 50）可减少年均径流量 0.01%。

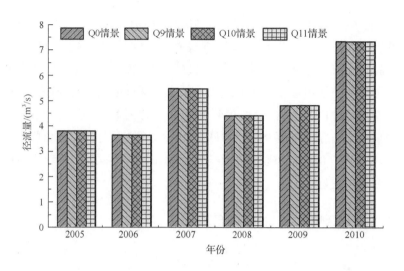

图 11-25　建立不同植被过滤带对七星河流域年均径流量的影响
（2005～2010 年）

　　建立不同植被过滤带对七星河流域 2005～2010 年多年平均总氮负荷的年
际影响如图 11-26 所示。与基线情景相比，建立不同植被过滤带对总氮负荷均
有削减作用，且各情景对总氮负荷削减程度基本一致，Q9、Q10 和 Q11 情景
可分别减少总氮负荷的 27.53%、27.99%和 27.44%。三种情景对总氮负荷削减
最大的年份均为 2007 年，Q9、Q10 和 Q11 情景可分别减少总氮负荷 33.56%、
33.05%和 32.55%；对总氮负荷削减最小的年份均为 2006 年，Q9、Q10 和 Q11 情
景可分别减少总氮负荷 23.59%、22.94%和 22.38%。其中，2007 年七星河流域
总氮负荷为 61.39t，小于多年平均总氮负荷（89.28t），2006 年流域内总氮负荷为
110.85t，大于多年平均总氮负荷。

　　建立不同植被过滤带对七星河流域 2005～2010 年多年平均总磷负荷的年际
影响如图 11-27 所示。与基线情景相比，建立不同植被过滤带对总磷负荷均有削
减作用，Q9、Q10 和 Q12 情景可分别减少总磷负荷的 51.83%、51.03%和 50.30%。
建立不同植被过滤带对总磷负荷影响最大的年份均为 2008 年，这与对总氮负荷的
影响不同，Q9、Q10 和 Q11 三种情景可分别减少总磷负荷 56.69%、56.20%和
55.71%，而 2008 年总磷负荷为 2005～2010 年中最小的年份，因此，建立不同植
被过滤带对总磷负荷较小的年份影响较大。

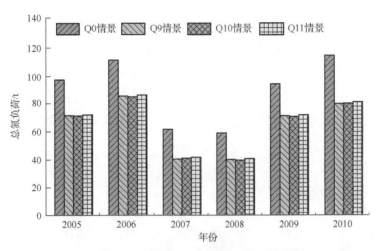

图 11-26　建立不同植被过滤带对七星河流域年均总氮负荷的影响
（2005～2010 年）

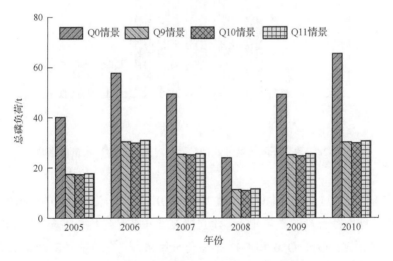

图 11-27　建立不同植被过滤带对七星河流域年均总磷负荷的影响
（2005～2010 年）

11.5.2　月际影响

建立不同植被过滤带对七星河流域 2005～2010 年月均径流量的影响如图 11-28 所示。与基线情景相比，建立不同植被过滤带对月均径流量的影响较小。Q9 情景和 Q11 情景对月均径流量的影响为 0，Q10 情景可减少月均径流量 0.01%，说明建立植被过滤带对径流量几乎无影响。建立植被过滤带对汛期（6～9 月）径流量起增加效果，而对非汛期有削减作用，三种情景对 2 月的影响效果最大，均减少径流量 0.47%，对 7 月和 8 月影响最小，三种情景均可增加径流量 0.01%，可能是由于 2 月径流量较小，其可导致的变化幅度较大。总体来说，建立植被过滤带对径流量的影响可以忽略不计。

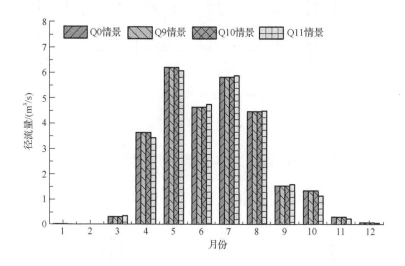

图 11-28　建立不同植被过滤带对七星河流域月均径流量的影响
（2005～2010 年）

建立不同植被过滤带对七星河流域 2005～2010 年月均总氮负荷的影响如图 11-29 所示。与对月均径流量的影响相比，建立植被过滤带对月均总氮负荷的影响较大。与基线情景相比，Q9、Q10 和 Q11 情景可分别减少总氮负荷 28.62%、27.99%和 27.44%。建立不同植被过滤带对月均总氮负荷影响最大的月份为 10 月，Q9、Q10 和 Q11 情景可分别减少总氮负荷 43.75%、42.84%和 41.98%。其中，对 1 月总氮负荷的影响最小，三种情景均可减少总氮负荷 0.35%。而三种情景对关键污染时期（7 月）的总氮负荷影响存在略微差异，Q9、Q10 和 Q11 情景可分别减少总氮负荷 37.56%、36.21%和 35.07%。

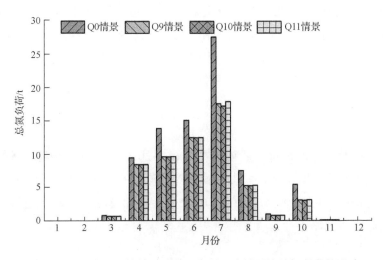

图 11-29　建立不同植被过滤带对七星河流域月均总氮负荷的影响
（2005～2010 年）

　　建立不同植被过滤带对七星河流域 2005～2010 年月均总磷负荷的影响如图 11-30 所示。与基线情景相比，Q9、Q10 和 Q12 情景可分别减少总磷负荷 51.83%、51.03%和 50.30%。建立不同植被过滤带对月均总磷负荷影响最大的月

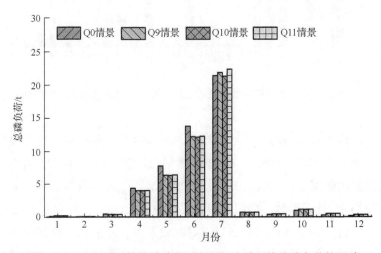

图 11-30　建立不同植被过滤带对七星河流域月均总磷负荷的影响
（2005～2010 年）

份为 5 月，Q9、Q10 和 Q11 情景可分别减少总磷负荷 18.05%、18.59%和 17.51%。针对关键污染时期（7 月），仅 Q10 情景可减少总磷负荷 0.42%，而 Q9 情景和 Q11 情景可分别增加总磷负荷 2.21%和 4.60%。与对总氮负荷的影响相比，不同植被过滤带对总磷负荷的削减效果更好。

11.5.3 空间影响

建立不同植被过滤带对七星河流域 2005～2010 年多年平均径流量的空间影响如图 11-31 所示。建立不同植被过滤带对径流量的空间影响较小，与基线情景相比，三种情景均可减少年均径流量 0.02%，因此，建立不同植被过滤带情景对径流量的影响可忽略不计。

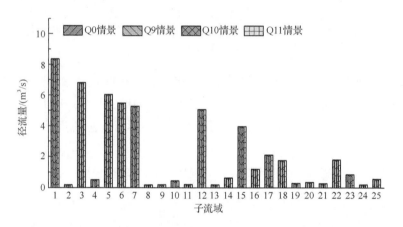

图 11-31　建立不同植被过滤带对七星河流域年均径流量的空间影响
（2005～2010 年）

建立不同植被过滤带对七星河流域 2005～2010 年多年平均总氮负荷输出强度的空间影响如图 11-32 所示。与基线情景相比，Q9、Q10 和 Q11 情景可分别减少总氮负荷输出强度 31.17%、30.38%和 29.71%。三种情景对总氮负荷空间影响最大的区域为 13 号子流域，即面源污染关键地区，Q9、Q10 和 Q11 情景可分别减少总氮负荷输出强度 55.55%、53.94%和 52.52%。对总氮负荷影响最小的区域为 4 号子流域（关键污染地区），Q9、Q10 和 Q11 情景可分别减少总氮负荷输出强度 11.61%、11.61%和 11.60%。而对于其他两个关键污染地区，Q9、Q10 和 Q11

情景可分别减少总氮负荷输出强度 38.67%、37.56%、36.60%（11 号子流域）和 55.55%、53.94%、52.52%（13 号子流域）。整体而言，建立植被过滤带对总氮负荷的空间影响较大，且对关键污染地区的削减效果最好。

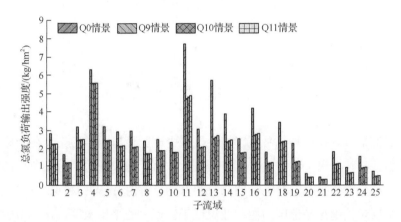

图 11-32　建立不同植被过滤带对七星河流域年均总氮负荷输出强度的空间影响
（2005～2010 年）

建立不同植被过滤带对七星河流域 2005～2010 年多年平均总磷负荷输出强度的空间影响如图 11-33 所示。不同植被过滤带对总磷负荷的削减效果整体优于

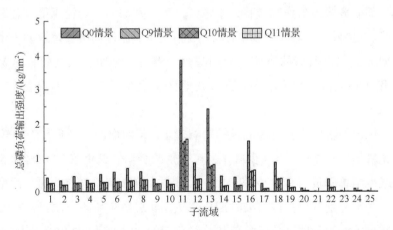

图 11-33　建立不同植被过滤带对七星河流域年均总磷负荷输出强度的空间影响
（2005～2010 年）

总氮负荷，与基线情景相比，Q9、Q10 和 Q11 情景可分别减少总磷负荷输出强度 56.75%、55.61%和 54.60%。建立不同植被过滤带对七星河流域总磷负荷输出强度影响最大的子流域为 13 号子流域（关键污染地区），Q9、Q10 和 Q11 情景可分别减少总磷负荷输出强度 70.16%、68.48%和 67.15%，而针对另一处关键污染地区（11 号子流域），Q9、Q10 和 Q11 情景可分别减少总磷负荷输出强度 63.18%、61.60%和 60.03%。

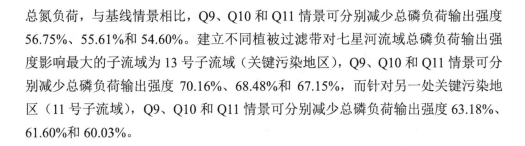

11.6　本章小结

改变施肥量对径流量几乎无影响，但减少施肥量对面源污染负荷的影响大于增加施肥量，其中属 Q1 情景（减少施肥量 50%）对农业面源污染负荷的控制效果最好。可分别削减关键污染时期总氮和总磷负荷的 14.43%和 40.80%。然而，减少施肥量对关键污染地区的控制效果低于流域内的平均水平，还应考虑种植结构、耕作方式等作物管理措施以及地形条件（如坡耕地）等因素对关键污染地区氮磷负荷输出强度的影响。

调整种植结构对径流量和面源污染负荷的影响较大。研究区覆盖作物全部调整为玉米时，可分别减少年均径流量、总氮负荷和总磷负荷 25.75%、23.25%和 41.38%；而研究区覆盖作物调整为水稻时，可分别增加年均径流量、总氮负荷和总磷负荷 17.20%、12.43%和 27.34%。Q5 情景（覆盖作物全部替换为玉米）可有效控制研究区总氮负荷的排放，分别减少关键污染时期总氮负荷和总磷负荷的 95.54%和 95.81%，分别减少关键污染地区总氮负荷和总磷负荷的 21.40%和 37.26%以上。

不同保护性耕作措施对径流量的影响较小，但对面源污染负荷影响较大。Q7 情景（无耕作）和 Q8 情景（少耕作）可分别减少年总氮负荷 27.65%和 51.17%，可分别减少年总磷负荷 94.32%和 91.35%。其中属 Q8 情景对农业面源污染的控制效果最好，可分别减少关键污染时期总氮负荷和总磷负荷的 71.72%和 93.79%，可分别减少关键污染地区总氮负荷和总磷负荷的 23.62%和 93.96%以上。

建立不同植被缓冲带对径流量的影响较小，对面源污染负荷影响较大，均可有效削减面源污染负荷。Q9 情景（田间面积与过滤带面积之比为 30）对总氮和总磷负荷的削减效果最好，可分别减少关键污染时期总氮与总磷负荷的 37.56% 和 50.21%，分别减少关键污染地区总氮和总磷负荷的 11.61%和 63.18%以上。

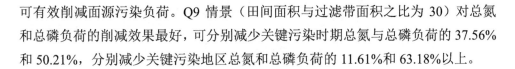

丁洋, 2019. 基于 SWAT 模型的妫水河流域非点源污染最佳管理措施研究[D]. 济南: 济南大学.

刘彬, 2019. 香溪河流域非点源氮磷污染负荷模型估算及防控对策研究[D]. 郑州: 华北水利水电大学.

宋兰兰, 郝庆庆, 王文海, 2018. 基于 SWAT 模型的复新河流域非点源污染研究[J]. 灌溉排水学报, 37(04): 94-98.

第12章 结 论

三江平原是我国最大的淡水沼泽分布区,同时也是我国重要的粮食生产基地,在维持区域生态环境安全和保障国家粮食安全方面做出了突出贡献。但迫于高强度的人类生产活动,河沼系统正面临着严重的生态退化。为此,本书以三江平原农田-河沼系统污染物的污染特征、时空分布、环境/健康风险、污染修复与调控为主要研究内容,综合集成环境监测、数值模拟、风险评估以及污染修复技术与方法,通过"环境监测-数值模拟-来源解析-输移路径-风险识别-生态修复-污染调控"系统性地诊断了农田-河沼系统的污染特征,揭示了污染风险传递效应机制,建立了污染修复与调控措施,并抽象概化出了适宜于三江平原农田-河沼系统多介质环境(农田、水体、积雪、沉积物、水生生物)污染特征识别、污染风险量化与评估、主控污染因子解析、污染过程模拟以及污染修复的方法和技术,研究成果可为农田-河沼系统生态环境保护和建立三江平原湿地保护网络提供科学依据和决策支持。

1. 常规水体指标污染情况

由于三江平原早期大规模的农垦开发活动,天然淡水沼泽面积大量萎缩,且现有沼泽湿地均被农田所包围,加之农业生产资料的过量施用,导致河沼系统水质污染程度不断加深。本书对三江平原典型河沼系统——七星河及其伴生的沼泽湿地 COD、DO、NH_3-N、TN、TP、NO_3^-、NO_2^- 等常规水质指标进行了监测,并建立了基于熵权集对分析理论的水质等级评价模型。结果表明,七星河及其伴生的沼泽湿地整体呈Ⅲ类水质，由于湿地缓冲区与核心区仍未得到开发，水生植物的分布密度较高，且有相当大一部分地区处于永久淹没状态，因此污染程度由实验区向核心区逐渐降低。此外，根据判别函数系数的变化特征，构建了水质主控污染因子的识别方法，结果表明降低 TP 浓度是促进水质等级由Ⅳ类提高到Ⅲ类的主要方法，降低 COD、NH_3-N 和 TN 浓度是促进水质等级由Ⅲ类向Ⅱ类提升的有效方法。

2. 重金属污染特征

七星河湿地水体、沉积物及冬季积雪整体处于"清洁"或"低污染"状态，表明七星河湿地并未受到工业活动的直接影响，进一步证实了七星河湿地作为三江平原保存最为完好的天然湿地的事实。但湿地周边的农业生产活动导致了沉积物中 Cd 和 Zn 的累积，农业生产管理的优化与控制将是改善农业区湿地生态环境质量的重要手段。此外，重金属高浓度区域均集中于七星河汇入湿地处附近，表明河流径流携带的大量污染物会提升湿地整体的重金属浓度水平。七星河湿地积雪样品中重金属的浓度明显高于水体，表明大气沉降同样是七星河湿地重金属输入的重要来源。湿地周边的生物质燃烧、煤炭开采及燃煤供暖是积雪中重金属的主要来源。除受排放源的影响外，积雪中重金属的残留量还与积雪深度有关，重金属残留量较高区域均出现在湿地缓冲内部。积雪中重金属残留清单的建立为进一步了解融雪期重金属的迁移及区域尺度重金属大气沉降输入通量的估算提供了参考，同时也为高寒地区融雪水资源利用的潜在风险识别提供了技术支撑。

3. 重金属污染环境/健康风险

受鱼类的食性偏好和栖息环境的影响，底栖杂食性鱼类（北方花鳅）的重金属富集水平较高，水体和沉积物中的 Cr 会对水生生物产生不利影响，并可通过食物链进行风险传递，其对鱼类消费者非致癌风险的贡献超过了 70%，但这种非致癌风险仍在可接受范围内。而长期食用鱼类所暴露的 Cd 可能会引发癌症风险，尤其是底栖杂食性鱼类——北方花鳅更为显著，这表明野生鱼类可作为连接区域环境污染与健康风险的重要载体。重金属暴露风险评估表明，体重较小的物种有着较高的重金属单位体重暴露剂量，白琵鹭雏鸟的重金属暴露风险明显高于幼鸟和成鸟，处于"高风险"水平。沉积物和鱼类的摄入是重金属的主要暴露途径，其对湿地候鸟重金属暴露风险的贡献率分别为 21.44%～93.2% 和 6.77%～78.53%，特别是大规模农垦开发后，白琵鹭 Cr 和 Zn 暴露风险提升了近 50%。此外，即使暴露于"清洁"或"低污染"水平浓度下的重金属（Cr）污染环境中仍可能会对白琵鹭造成不利影响。因此在白琵鹭生境保护的工作中，不能仅针对于污染物含量的控制，建议确定出安全的摄食水深并保证中上水层水生生物丰度，以减少白琵鹭接触沉积物和摄食底栖鱼类的频率与剂量，进而降低重金属暴露风险。

4. 水环境重金属污染修复

本书针对河沼系统水环境中污染风险最高且生物毒性最大的 Cd 元素，研发了园林废弃物生物炭作为吸附剂并探究了其对重金属的吸附性能。综合考虑了生物炭制备过程中热解温度、热解时间和升温速率对其产率和吸附量的影响，并通过响应面法优化了生物炭的制备过程，揭示了热解参数与生物炭产率和吸附性能之间存在的矛盾关系，通过模型拟合得出了最优制备策略。结果表明，热解温度为主要的影响因素，在综合考虑吸附性能和产率前提下，较低的热解温度能够获得最佳的效果，同时还可减少能源消耗，进一步降低制备/应用成本。最优条件下制备的生物炭对 Cd 的理论吸附量高达 64.207mg/g，能够显著降低水环境中 Cd 污染的不利影响。SEM-EDS、XRD、FTIR、XPS 等表征技术显示孔隙填充、离子交换、矿物沉淀和官能团络合在 Cd 的吸附过程中发挥了重要作用。

5. 农业面源污染模拟

通过获取三江平原农业生产施肥量、施肥时间、施肥类型、种植结构、种植面积等作物管理数据，依据质量平衡原理，充分考虑氮磷循环等环境过程因素，构建了农田-河沼系统面源污染负荷估算模型，且估算数据与实测数据处于同一数量级，证实了该模型在缺资料流域养分负荷时空分布状况识别方面的可行性。以氮磷负荷估算结果作为 SWAT 模型输入数据，对七星河流域农业面源污染进行了数值模拟，结果表明七星河流域农业面源污染具有明显的时空异质性特征，中游农业面源污染负荷最高，上游地区最低。污染负荷与施肥量（"源"）、地表径流（"流"）及降水相关，且 2005～2010 年农业面源污染呈上升趋势，年际关键污染时期为 7 月。不同子流域污染负荷输出强度略有不同，4 号、11 号和 13 号子流域为关键污染地区，其土地利用以农业用地为主。后续污染防治工作应侧重于关键污染时期的施肥管理和关键污染地区的土地利用规划，包括种植结构的调整、生态肥料的施用以及侵蚀易发区的水土保持控制等措施。

6. 农业面源污染调控

本书设置了"减少施肥量、调整种植结构、建立植被过滤带、保护性耕作"4 种管理措施共 11 种污染调控模拟情景，探寻了各种措施下的最佳管理模式。结果表明，施肥量越大，农田土壤养分流失越多，Q1 情景（减少施肥量 50%）对总氮负荷的控制效果最好，但对关键污染地区的控制效果低于流域内的平均水平，因此还应考虑种植结构、耕作方式等作物管理措施以及地形条件（如坡耕地）等因素对关键污染地区氮磷负荷输出强度的影响。调整种植结构对径流量和面源污染负荷的影响较大，Q5 情景（覆盖作物为玉米）可有效控制研究区总氮负荷的排放，可减少关键污染时期总氮负荷和总磷负荷的 90% 以上，分别减少关键污染地区总氮负荷和总磷负荷的 21.40% 和 37.26% 以上。不同保护性耕作措施对径流量的影响较小，但对面源污染负荷影响较大。Q8 情景（少耕作）为不同保护性耕作措施下对面源污染负荷削减效果最好的措施，可分别减少面源污染关键时期总氮负荷和总磷负荷 71.72% 和 93.79%，可分别减少面源污染关键地区总氮负荷和总磷负荷 23.62% 和 93.96% 以上。建立不同植被缓冲带对径流量的影响较小，对面源污染负荷的影响较大，Q9 情景（将 FILTER_RATIO 设置为 30）对总氮和总磷负荷的削减效果最好，可减少关键污染时期总氮负荷 37.56%、总磷负荷 50.21%，可至少减少关键污染地区总氮负荷 11.61%、总磷负荷 63.18%。流域农业面源污染可通过采取以下几个措施进行综合治理：合理控制施肥量，科学有效施肥；优化种植结构，建立植被过滤带，保护性耕作等。建立工程措施与非工程措施相结合的最佳管理措施。

目前，针对农田-河沼系统水环境典型污染物的时空演变规律识别、来源诊断、风险评价、环境行为模拟以及污染调控与修复等方面的研究工作已取得大量成果，但大部分研究仅停留在对污染事件的事后评价阶段，无法做到风险的及时诊断与精准预测。虽然采用数值模拟手段可以对风险进行初步诊断和预测，可为后续污染修复与管理提供科学依据，但农业面源污染造成的河沼系统污染普遍具有空间范围广、监测难度大、时间不确定性、滞后性、形成机制复杂性等特点，并且受部分区域基础数据资料缺失的限制，严重制约着模拟与预测模型的精确度与普适性。由于研究区水质实测数据的缺乏，本书采用基于质量平衡原理估算得出的氮磷负荷数据进行了模型水质参数的率定与验证，虽然 SWAT 模型耦合农业面源污染负荷估算模型在模拟七星河流域径流量和面源污染负荷方面取得了令人满意的结果，初步解决了缺资料地区农业面源污染模拟的技术难题，但模型的模拟效果仍存在较大的提升空间。因此后续研究应重点针对区域环境污染要素数据库的构建。同时随着研究技术与手段的快速发展，3S 技术的应用将全面提升农田-河沼系统污染管理的现代化水平，应充分加强其在水、土、气环境质量状况实时动态监测方面的应用，探寻农田-河沼系统污染快速识别诊断新路径，推进智慧流域建设。

在河沼系统污染诊断与风险识别方面，目前定性描述研究较多而定量研究则明显不足，应充分揭示污染物剂量-效应关系。特别是针对氮、磷等农业面源污染物，相对沼泽湿地而言，当氮、磷负荷在其可接受限度范围内时，其可作为营养物质用于农田-河沼系统内部生物的正常生长发育。因此，应加强河沼系统污染物削减能力的测算研究，基于湿地生物和生态系统需求，明晰河沼系统水质控制目标，探寻区域范围内沼泽与农田的科学比例，识别区域生态环境质量变化与农业生产要素间的定量关系，促进农业生产与区域水生态安全协同保障。此外，虽然本书构建了基于食物链结构组成的湿地候鸟重金属暴露风险评估模型，提供了一种基于体外测试的非破坏性的湿地候鸟污染物暴露风险评价方法，但模型的精准性还有待进一步强化，如分析暴露风险与湿地候鸟死亡率或患病率间的定量关系，推进暴露风险评价的定量化表达，揭示环境污染物暴露剂量-健康效应关系。

此外，单独针对农田、河流和沼泽水环境污染的研究相对较多，少有研究关注农田、河流和沼泽三者间的物质与能量交换过程。本书探寻了农田-河沼系统的污染特征及污染调控机理，而对于河沼系统基于生态水文过程的污染特征、生态功能及其物质循环过程的科学认知还不够清晰。特别是针对河沼过渡带，作为河流与沼泽之间的重要连接通道，过渡带承接了来自河流以及农田退水所携带的污染物，加之过渡带水流变缓，夹杂着波浪和湍流等的作用，污染物在过渡带不断聚集和累积。同时，河沼过渡带还具有时空动态性，过渡带的扩张与萎缩强烈影响着农田、河流与沼泽三者间营养物质与污染物质的循环交互。此外，该区域复杂的水动力条件导致过渡带生物多样性较低，进而使其对环境质量变化的敏感性较强，因此对过渡带的生态保护力度以及对过渡带物质及能量环境交互行为的科学认知仍需进一步加强。

经济社会的不断发展以及人类活动强度的不断加大，进一步推进了区域环境污染成因的复杂性，大量新兴环境污染物如抗生素、新烟碱类杀虫剂、微塑料等的环境行为研究也逐渐成为农田-河沼系统的重点关注领域。而针对新兴环境污染物的环境行为特征、多界面迁移转化规律、环境/健康风险评价及其与常规水体污染物的复合污染识别等方面的研究还有待进一步加强。同时，溶解性有机质（dissolved organic matter，DOM）作为地表环境有毒污染物的重要化学络合剂和吸附剂，将直接影响环境污染物的迁移转化、毒性、生物地球化学循环及归趋。因此，DOM 与污染物相互作用机理是环境污染过程、修复治理及其与人类健康关系研究的关键科学问题和关注焦点。后续研究重点可聚焦于阐明 DOM 释放机理及其与污染物的耦合作用机制，建立多相体系污染物界面行为及迁移转化动力学模型，揭示典型污染物累积规律、排放特征及未来变化趋势，进一步丰富和发展农田-河沼系统 DOM 与有毒污染物耦合的地球化学循环过程理论，为污染控制政策与治理措施的制定提供基础数据、技术支撑和科学依据。